COMENTARIOS SOBRE
MANEJO DEL SALÓN DE CLASES EN LA ERA DIGITAL

"Ha sido para mí un placer el colaborar y guiar, junto con Patrick y Heather, varias iniciativas de crecimiento y cambio asociadas con la enseñanza en la era digital. Este libro engloba las ideas y prácticas creativas implementadas por los autores para apoyar tanto el desarrollo profesional de los maestros como el aprendizaje de los estudiantes. En un ambiente en el que las herramientas electrónicas ofrecen increíbles oportunidades así como potenciales distractores, este libro demostrará ser un recurso de consulta para maestros nuevos y experimentados que busquen sacar provecho del poder de una clase de nivel digital."

— ***Devin Pratt***, Asistente de Dirección de la Escuela Internacional de Frankfurt

"Heather Dowd y Patrick Green son líderes en su campo de acción y poseen experiencia de primera mano, por lo que su libro resulta un recurso abundante así como un punto de referencia para aquellos educadores que se valen de tecnologías móviles en un ambiente de aprendizaje 1:1. *Manejo del salón de clases en la era digital* está lleno de estrategias concretas y de fácil implementación, asegurando que la enseñanza colaborativa centrada en el estudiante sea el núcleo de la experiencia con el uso de dispositivos móviles."

—***John Mikton***, Director de Educación en Medios Electrónicos de la Escuela Intercomunitaria de Zurich

"*Manejo del salón de clases en la era digital* es un elemento perfecto para sumarse a la implementación de cualquier modelo educativo 1:1. Es una herramienta que yo incluiría definitivamente en mi proceso de Guía TIC y lo repartiría a los profesores antes de agregar nuevos dispositivos a sus salones de clases. Heather y Patrick han escrito una guía paso a paso, de fácil implementación para los profesores y escuelas modernas, tomando en cuenta el concepto de "Nuevos Enfoques para Nuevas Herramientas." ¡Bien hecho!

—***Mike Pelletier***, Consultor TIC

"*Manejo del salón de clases en la era digital* de Heather Dowd y Patrick Green aportará una contribución significativa a las estrategias de enseñanza y aprendizaje empleadas por profesores en las escuelas. Los autores suman sus conocimientos y experiencia extensivos como educadores al paradigma moderno de implementación de tecnologías y uso de dispositivos. Los consejos y estrategias que aportan están basados en principios educativos coherentes y en el sentido común. Este libro destaca sobre los demás debido a que reconoce la importancia del acompañamiento de los padres de familia para lograr una consistencia en términos de expectativas del comportamiento y utilización, así como la procuración de los mismos en casa. Los autores también resumen los beneficios y las metodologías para la colaboración, compartiendo dispositivos y oportunidades de extensión, así como habilidades y conocimientos que a primera vista pueden parecer básicos, pero en realidad resultan muy significativos. También abordan la importancia del desarrollo de estudiantes que establezcan una relación segura, inteligente, respetuosa y responsable con la tecnología, así como el recurso más apropiado para abordar de manera explícita los conceptos clave de la ciudadanía digital. Los educadores siempre están en busca de tesoros para enriquecer sus enseñanzas; ¡este será como oro para ellos!"

—***Robyn Treyvaud***, Fundador de Cyber Safe Kids
(Seguridad Cibernética para los Niños)

"El equilibrio es esencial. Heather y Patrick enseñan tanto a los veteranos como a los nuevos maestros un conjunto de herramientas con consejos y trucos de fácil implementación para su rutina académica, llevándonos más allá de nuestras razones para elegir usar o dejar de lado la tecnología. Mi mentor alguna vez me enseñó que el mejor indicador de éxito en el día de un profesor es partir del salón de clases con la satisfacción de que los alumnos están más cansados que usted. Si siente frustración al intentar solucionar el manejo de dispositivos en su salón de clases (o si simplemente necesita algunos recursos novedosos para mejorar su propuesta educativa), usted debe leer este libro."

—**Rebecca R. Clark**, profesora de secundaria e Innovadora Certificada de Google

"En *Manejo del salón de clases en la era digital*, Heather Dowd y Patrick Green logran plasmar sus propias prácticas expertas en el aula en una guía comprensible para profesores en salones de clases y escuelas enriquecidas mediante la tecnología. Ya sea usted un profesor novato o veterano, este libro puede ayudarle a ser más efectivo en el aula del siglo veintiuno."

— **Clint Hamada**, Coordinador de Tecnologías de la Educación, Escuela Internacional de Beijing y Socio Fundador, Eduro Learning

MANEJO DEL SALÓN DE CLASES
EN LA ERA DIGITAL

Heather Dowd y Patrick Green

Bothell, Washington, USA
Guadalajara, Jalisco, Mexico

Manejo del salón de clases en la era digital
© 2016 por Heather Dowd y Patrick Green

Publicado por Grafo Education 2019
Grafo Education es un sello de Grafo House Publishing
En asociación con Jaquith Creative, una agencia creativa y literaria

Número de Control del Library of Congress: 2019953394
ISBN de la edición impresa: 978-1-949791-18-1
ISBN del libro digital 978-1-949791-19-8
ISBN de la edición en inglés: 978-1-950714-08-7

Publicado anteriormente en inglés y español por EdTechTeam Press
Traducción a cargo al español a cargo de EdTechTeam Press
Edición y diseño interior a cargo de My Writers' Connection
Portada a cargo de Genesis Kohler

Derechos reservados. Queda prohibida cualquier forma de reproducción de esta publicación, por cualquier medio mecánico o electrónico, incluyendo sistemas de almacenamiento y recuperación de datos, sin la previa autorización escrita del editor, a excepción de los críticos que deseen citar pasajes breves en una reseña. Para cualquier información asociada a los derechos de esta obra, favor de contactar al editor en la siguiente dirección: info@grafohousepublishing.com.

Estos libros están disponibles a un precio especial de venta al mayoreo para ser utilizados como bonos, promociones, colectas de fondos y para fines educativos. Para preguntas y mayores informes contactar al editor: info@grafohousepublishing.com.

Impreso en los Estados Unidos de América
23 22 21 20 19   1 2 3 4 5

Para Doug y Becky

ÍNDICE

PREFACIO	XIII
INTRODUCCIÓN	XVII
PROCEDIMIENTOS EN EL SALÓN DE CLASES	**1**
Procedimientos de enseñanza	2
¡Atentos! Conseguir la atención de los estudiantes	3
Recoger el trabajo de los estudiantes	7
Comunicar la agenda del día y la tarea	9
Activador: lo que hacen los alumnos al entrar al aula	12
Asistencia	14
Procedimientos para dispositivos compartidos	16
Oportunidades de extensión	17
Lista genérica	19
Protocolo para nombrar archivos	20
Impresión	21
REGLAS Y EXPECTATIVAS EN EL SALÓN DE CLASES	**25**
Estableciendo una cultura de respeto	25
Establezca únicamente reglas que planee implementar	26
Evite el pánico tecnológico del maestro	26
Manejo de la duración de vida de la batería	27
Cuidado del dispositivo	29
Preparación para el aprendizaje	31
Zona libre de audio	32

Posters	32
Programa de entrenamiento intensivo	38
Hacer frente a las distracciones	41

Consejos y estrategias de enseñanza — 45

Acomodo del salón	45
Asignación de lugares	49
Sea organizado	50
Personalice el aprendizaje	51
Cree lecciones interesantes	52
Resolver preguntas sobre tecnología	55
Fomente la organización	59
Administración de proyectos	59
Asignación de roles	60
Utilice un cronómetro para una tarea	61
No guíe a los alumnos a través de una larga serie de clics	61
Desarrolle su sentido del humor	62
Fomente la colaboración en línea	62
Enseñe habilidades de investigación	63
Formule preguntas que no se resuelvan con una simple búsqueda en google	65
Escoger y utilizar herramientas	65

Haciendo equipo con los padres de familia — 71

Herramientas de comunicación	72
Estrategias de comunicación	73

Palabras de despedida — 79

Recursos — 81
Estándares de ISTE — 81
Sentido Común — 82
Participación de los estudiantes — 83
Origami educativo — 83
Habilidades de investigación — 84
Libros — 84

Agradecimientos — 85

Más títulos por los autores — 87

¿Quiere más consejos para el manejo del salón de clases? — 89

Sobre los autores — 91

Prefacio

¿Por qué necesita usted este libro?

Algunas escuelas llevan utilizando dispositivos desde hace un tiempo; sin embargo, tenemos la sospecha de que los salones de clases equipados con tecnología son terreno desconocido y potencialmente incómodo para muchos de ustedes. Y a pesar de que un salón de clases computarizado ofrece fuertes oportunidades de aprendizaje, también presenta nuevos retos. *Manejo del salón de clases en la era digital* le ayudará a transferir sus estrategias de manejo del aula a un nuevo salón de clases en el que todos los alumnos están conectados y le ayudará a enfrentar nuevos retos de forma positiva y productiva.

Muchos profesores se sienten seguros de sus habilidades de enseñanza y sin embargo no sienten la misma seguridad en cuanto a la tecnología, lo cual les provoca ansiedad respecto a su habilidad de adaptación a los escenarios educativos cambiantes. Este libro les recordará a los educadores experimentados que existen varias prácticas probadas y confirmadas en las que podrán seguir basándose, mientras les ofrece consejos y trucos para enfrentar los retos de las aulas equipadas con tecnología.

Tipos de dispositivos

Cada vez son más los salones de clases del siglo XXI que tienen una relación uno a uno (1:1) entre los estudiantes y los dispositivos con acceso a internet. Actualmente existe una variedad de programas con dispositivos 1:1 en escuelas de todo el mundo. Los Macbook, dispositivos con sistema operativo Windows, programas para laptop de Chromebook y programas para tablet de iPad y Android son los más populares. En ocasiones discutiremos detalles específicos para laptops o tablets; sin embargo, al haber tantas plataformas disponibles y ya que la tecnología está en constante cambio, en la mayoría de los casos utilizaremos el término genérico "dispositivo", refiriéndonos al dispositivo específico utilizado por el estudiante.

Muchas escuelas han invertido en Sistemas de Gestión de Aprendizaje (LMS, por sus siglas en inglés) para implementar planes de estudios en línea, o más a menudo, para agregar herramientas digitales y otros componentes a los salones de clases "cara a cara". Algunos LMS populares son Moodle, Blackboard, Hapara Teacher Dashboard, Schoology, Google Classroom, Haiku, Edmodo y Canvas. A pesar de no ahondar en ningún LMS en específico, nos referimos a ellos de manera general ya que tienden a tener funciones similares. Pregunte si su escuela tiene un LMS que pueda aprovechar para potenciar el uso de dispositivos con los alumnos.

Variedad de configuraciones 1:1

El radio 1:1 de estudiantes y dispositivos viene acompañado de una serie de diferentes opciones de configuración. La primera diferencia claramente está en el tipo de dispositivo empleado, generalmente laptops o tablets, y en su sistema operativo. Otra consideración es el modelo de propiedad: ya sea que los dispositivos pertenezcan a la escuela o a las familias. A estos factores se suman otros niveles de complejidad, por ejemplo la uniformidad de los dispositivos y la forma en que se reparten: ya sea que se asignen individualmente a los alumnos o bien al salón de clases para ser utilizados como dispositivos compartidos. Adicionalmente, la edad de los alumnos puede determinar el programa 1:1 adecuado.

A pesar de tener una opinión acerca de nuestros programas 1:1 preferidos, intentamos escribir de manera generalizada para todos los escenarios.

¿Cómo leer este libro?

Manejo del salón de clases en la era digital se divide en cuatro secciones principales:

- Procedimientos en el salón de clases
- Reglas y expectativas en el salón de clases
- Consejos y estrategias de enseñanza
- Haciendo equipo con los padres de familia

Utilice el índice para encontrar la información que necesite, cuando la necesite. Esperamos y lo alentamos a recurrir libremente a los recursos e ideas que necesite con el objetivo de configurar su salón de clases 1:1.

Procedimientos en el salón de clases

Este capítulo incluye procesos y procedimientos de los cuales se puede valer para asegurar que su clase se desarrolle de manera fácil y eficiente. Deberá enseñarles estos procedimientos a los alumnos y darles la oportunidad de practicarlos. En menos de lo esperado, dichos procedimientos se llevarán a cabo de forma natural, sin necesidad de una palabra de su parte.

Reglas y expectativas en el salón de clases

Este capítulo contiene consejos sobre algunas reglas que querrá aplicar en cuanto a la tecnología en el salón de clases. También incluye reglas que hemos visto aplicadas por otros maestros y que podrán resultarle útiles.

Consejos y estrategias de enseñanza

Este capítulo incluye estrategias que podrá utilizar en su práctica de enseñanza al planear las actividades de clase. Al aplicar dichas estrategias, se propiciará el buen manejo del salón de clases.

HACIENDO EQUIPO CON LOS PADRES DE FAMILIA

Este capítulo incluye ideas para comunicarse con los padres de familia sobre el salón de clases 1:1. A pesar de que la escuela tenga su propio esquema de comunicación con las familias, el establecer una comunicación directa con ellas puede ser una buena idea. El hacer equipo con los padres de familia sobre las expectativas que usted plantea en el salón de clases, empodera a las familias para poder procurarlas en casa.

A pesar de haber escrito este libro para educadores que trabajan directamente con alumnos en el salón de clases, también incluimos recursos útiles para la implementación de programas 1:1 en las escuelas. No obstante, este libro no pretende ser una guía para la implementación de sistemas 1:1, sino una guía para maestros trabajando con una configuración 1:1.

Introducción

Los tiempos han cambiado. Los salones de clases que algún día se valieron de papel, lápices y libros de texto como principales recursos de enseñanza, se han transformado en espacios en los que cada estudiante puede tener un dispositivo en sus manos que le permite descargar más información de la que cabría físicamente en una librería. Los estudiantes pueden conectarse y colaborar de manera global con compañeros y expertos para crear presentaciones, obras de arte, música y video con las mismas herramientas usadas por profesionales. La adición de dispositivos digitales les ha dado a nuestros estudiantes un acceso sin precedentes a la información y oportunidades de creatividad casi inagotables.

A pesar de que los salones de clases y las herramientas que tienen a la mano han cambiado drásticamente con el paso de los años, las necesidades de nuestros alumnos siguen siendo casi las mismas. Nuestros estudiantes requieren de profesores cuidadosos, que provean un ambiente seguro para poder tomar riesgos y aprender de sus errores. Necesitan maestros con altas expectativas, que sean capaces de plantearles retos que los lleven a mejorar y alcanzarlas. Los estudiantes también necesitan límites claros y otras estructuras que los ayuden a ser exitosos. Los maestros eficientes crean este tipo de ambiente en el salón de clases, en donde los alumnos son libres para desarrollar al máximo sus capacidades de aprendizaje.

Disciplina

Este libro no se enfoca en la disciplina

Seamos claros: Este libro NO se enfoca en la disciplina y por lo tanto no aporta ningún consejo acerca de la creación o implementación de un plan disciplinario. No lo hemos omitido pensando en que usted no lo necesita. Claro que si lo necesita. Es inevitable tener un alumno mal portado y un plan disciplinario le ayudará a manejar las faltas de conducta de manera efectiva. Sin embargo, existen muchos otros libros sobre disciplina y muchos otros sobre manejo del salón de clases. Nuestro objetivo es ayudarle a configurar su salón de clases equipado con dispositivos, de forma que se maximice el aprendizaje y se minimicen la confusión, las interrupciones y los problemas de disciplina.

Un plan disciplinario aplicado a nivel escolar

A pesar de que este libro no se enfoca particularmente en la disciplina, existen algunas consideraciones importantes a tomar en cuenta: Primero, al hablar de planes disciplinarios, una política de disciplina coordinada a nivel escolar resulta mucho más efectiva que un plan individual para cada salón. Un plan disciplinario a nivel escolar les permite a los alumnos conocer las reglas y las consecuencias en caso de no cumplir con ellas; de igual manera, el que los profesores las conozcan les facilita aplicarlas correctamente. Si su escuela no cuenta con un sistema disciplinario a nivel institución que comprenda las infracciones relacionadas a la tecnología, sugiera al director que investigue las opciones existentes. Todos se verán beneficiados.

No castigue las herramientas de aprendizaje

Una segunda consideración en términos de disciplina es el hecho de que quitarle un dispositivo a un alumno, no puede ser una opción como consecuencia. Debe considerarse, a lo sumo, como el último recurso. Recuerde que tenemos dispositivos en clase debido a que son fuertes herramientas de aprendizaje. Si nuestra tarea es ayudar a nuestros alumnos a aprender, el quitarles una herramienta de aprendizaje resultará contraproducente. Considere este escenario perteneciente a una época anterior a los dispositivos:

Se les ha dado la tarea a los alumnos de escribir un párrafo y la mayoría están cumpliendo con el trabajo. Pero Juanito le ha escrito una nota al compañero que está del lado opuesto del salón y empieza a hacerla pasar, cuando levanta la mirada y hace contacto visual con el profesor.

En este ejemplo, si el maestro le quita el lápiz y papel a Juanito, ya que los ha utilizado de manera inapropiada, entonces no podrá terminar de escribir el párrafo asignado. Así que el maestro debe encargarse de la conducta del estudiante y dirigirlo para que siga con su tarea y utilice las herramientas adecuadamente.

Esta situación es similar en el salón de clases moderno, cuando un estudiante no le da el uso correcto a su dispositivo. Se tiene que hacer frente a la falta de conducta, sin embargo, el alumno debe conservar el dispositivo para poder terminar su tarea. Este escenario resulta aún más pertinente el día de hoy, ya que los profesores tienen la responsabilidad colectiva de enseñar el contenido de sus asignaturas, procurar el desarrollo de buenos ciudadanos digitales y preparar a los alumnos para su futuro.

Procedimientos en el salón de clases

Los términos procedimiento y rutina a menudo son utilizados de manera intercambiable en los círculos educacionales. Comúnmente, se refieren a procesos utilizados con frecuencia en el aula para llevar a cabo tareas de la manera que el profesor lo decida. Los procedimientos de clase bien definidos permiten utilizar el tiempo de manera eficiente y, por lo tanto, dejan más tiempo para el aprendizaje. Los procedimientos también disminuyen las faltas de conducta y las interrupciones, ya que los alumnos estarán menos inclinados a interrumpir si tienen claro lo que se espera de ellos.

Los maestros que establecen procedimientos para las tareas comunes en el salón de clases, disfrutan de una clase que se desarrolla con mayor tranquilidad que la de aquellos que no lo hacen. Al agregar la complejidad de los dispositivos digitales al salón de clases, se incrementa la importancia de implementar procesos y procedimientos claros.

Procedimientos de enseñanza

Los alumnos aprenden haciendo. No se puede esperar que aprendan algo simplemente diciéndoles cómo hacerlo. Es por ello que existen muchas estrategias de enseñanza más allá del dictado. La misma regla aplica a los procedimientos. En vez de solo plantearlos una vez, dichos procedimientos se deben enseñar, practicar y reforzar. El seguir los siguientes cuatro pasos le ayudará a asegurarse que sus procedimientos puedan ser entendidos con claridad y dominados por sus alumnos.

Paso Uno: Enseñe el procedimiento—Los profesores deberán articular y demostrarles los procedimientos de forma clara a los alumnos y al mismo tiempo explicarles por qué necesitan que las cosas se hagan de cierta manera.

Paso Dos: Práctica—Los estudiantes practican el procedimiento como les fue instruido por el profesor.

Paso Tres: Monitoree, corrija y refuerce—Los profesores deberán monitorear a los estudiantes mientras practican el procedimiento, retroalimentándolos a través de correcciones o reforzando el conocimiento.

Paso Cuatro: Repasar—Los estudiantes pueden aprender rápidamente la mayoría de los procedimientos, pero puede que no siempre recuerden aplicarlos en su clase. Los profesores deben repasar los procedimientos a lo largo del año escolar a manera de recordatorio. Tómese el tiempo de repasar los procedimientos cuando lo considere necesario; el tiempo invertido dará buenos resultados.

Muchos de nuestros estudiantes alternan entre múltiples salones de clase con diferentes maestros, cuyo apego a los procedimientos también varía. Los procesos que pudieran parecer simples y lógicos para nuestros cerebros adultos, pueden resultarles a los estudiantes tan solo una serie de reglas más si no les son explicados con claridad. Recordemos que los dispositivos digitales son comunes en las vidas de nuestros alumnos. A menudo, los estudiantes utilizan dichos dispositivos sin la supervisión adecuada y sin conocer las expectativas definidas. Asuma que los alumnos tienen buenas intenciones y repase los procedimientos cuando sea necesario.

Considere exponer ciertos procedimientos en las paredes como referencia, o puede considerar otras herramientas visuales para ayudar a los alumnos a recordar las reglas de clase. Esto puede ayudarle a que los estudiantes asuman la responsabilidad de seguir los procedimientos.

¡ATENTOS! CONSEGUIR LA ATENCIÓN DE LOS ESTUDIANTES

El hablar por encima de los estudiantes, no garantiza que lo estén escuchando. Este hecho era cierto antes de tener dispositivos en el salón de clases y lo sigue siendo hoy día. Cuando el maestro habla, los estudiantes deberían escuchar activamente, guardando silencio y sin hacer uso de sus dispositivos.

> Cuando el maestro habla, los estudiantes deberían escuchar activamente, guardando silencio y sin hacer uso de sus dispositivos.

Una de las primeras cosas que se les enseña a los maestros es exigir la atención de los alumnos antes de dictar órdenes directas. Esto resulta todavía más importante en un salón dotado de dispositivos en el cual usted compite para obtener la atención de los estudiantes, no solo con sus amigos y sus libros de texto, sino también con un sinfín de páginas web, aplicaciones y redes sociales interesantes. Ya sea que haga sonar una campana, cuente en forma regresiva desde cinco o lleve a cabo una serie de aplausos que los estudiantes deban repetir, necesitará una señal clara para que los alumnos redirijan su atención hacia usted.

Además, debe establecer expectativas claras sobre la forma en la que los alumnos deben poner atención en clase.

Expectativas para la atención

Contacto visual con el maestro

El contacto visual es uno de los elementos más importantes de la escucha activa. Si los estudiantes no están viendo al maestro, no lo están escuchando. Los alumnos pueden argumentar ser capaces de llevar a cabo varias tareas a la vez, sin embargo, simplemente no son capaces de concentrarse completamente en dos cosas simultáneas. Así mismo, la voz del profesor no puede competir con las imágenes, videos, textos o el audio proveniente de una pantalla y mucho menos comenzar las actividades planeadas para la clase. No comience a hablar hasta establecer contacto visual con sus estudiantes.

Dispositivos sobre la mesa

Los estudiantes deben tener los dispositivos fuera de sus manos. Los alumnos más jóvenes podrían necesitar una actividad manual, el punto es separarlos de sus dispositivos. Esto ayuda a los alumnos a minimizar la tentación de regresar de lleno a la actividad que realizaban previamente si llegan a perder contacto visual con el maestro.

Pantallas fuera de la vista de los estudiantes

Para aumentar el potencial de atención continua de los alumnos, las pantallas de sus dispositivos deberán estar fuera de su vista. Los alumnos podrán cerrar las pantallas de sus laptops o al colocarlas en un ángulo de 45 grados. Los iPads pueden colocarse pantalla abajo sobre los escritorios. Al apartarlas físicamente, los estudiantes podrán redirigir su atención hacia el maestro sin tener la tentación de voltear a ver lo que aparece en la pantalla.

Audífonos fuera de los oídos

Si los alumnos están inmersos en una actividad que requiera de audífonos, deberán quitárselos para poder concentrarse en las instrucciones del maestro.

La señal

Mientras que las expectativas respecto a la atención son bastante universales, las señales para llamar a la atención son mucho más personales. Es muy probable que usted pueda adaptar una de las estrategias que utilizaba en el salón de clases antes de la introducción de dispositivos. O quizá quiera probar una de las estrategias populares que se comparten a continuación. De cualquier forma, deberá encontrar una estrategia que le funcione y utilizarla de manera consistente para que se vuelva rutinaria para los estudiantes. Si la implementa con éxito, logrará ahorrar mucho tiempo de clase que de otra forma se vería desperdiciado al tener que luchar por obtener la atención de sus alumnos.

Practique la señal

Una vez que haya decidido sobre las estrategias que mejor le funcionan, permita a los estudiantes practicarlas al principio del año escolar. Si elige una señal para que los alumnos cierren sus pantallas y pongan atención, practíquela constantemente durante las primeras ocasiones en que utilicen sus dispositivos. La práctica logrará que estas estrategias resulten naturales para usted y sus alumnos.

Transmita ideas a partir de señales

A Patrick le gusta ser muy directo en sus clases que involucran laptops, indicando con un tono de voz alto: "¡Pantallas a 45 grados!". Esta es una señal de atención que les recuerda a los estudiantes el entrecerrar sus pantallas para no distraerse mientras él dicta las instrucciones. A continuación se presentan las señales favoritas compartidas por otros profesores.

"Cuando voy a dar instrucciones a los alumnos, les digo "pantallas fuera" con el objetivo de que cierren sus laptops y guarden los celulares. La idea es que los alumnos dejen de mirar cualquier cualquier pantalla, no solo las de sus laptops." —*Jon Corrippo*

"En mis clases, utilizo el término 'inclinen sus pantallas' para indicar a los alumnos que deben poner sus pantallas en una posición fuera de su vista." —*Joan Brown*

"El llamado '¡Déjenlo!' funciona bien en los distritos escolares en los que los alumnos pueden utilizar sus dispositivos móviles. '¡Déjenlo!' les indica a los estudiantes que deben colocar su dispositivo en la esquina superior izquierda del escritorio. Durante el tiempo de la instrucción, los estudiantes no deben tocar sus dispositivos móviles." —*Christopher Kavcak*

"Digo, con un tono de voz bajo, 'Sí pueden oírme aplaudan una vez. Sí pueden oírme aplaudan dos veces….' Y así sucesivamente. En ese momento deben dejar de escribir, leer o hacer cualquier actividad relacionada con su dispositivo. Los estudiantes normalmente hacen caso antes del sexto aplauso." —*Pablo Luis Castillo*

"Con los alumnos más jóvenes, propongo un reto de tres segundos. Cuando digo 'pantallas apagadas y mirada hacia este lado', tienen tres segundos para obedecer. Es importante advertírselos de antemano para que se preparen a dejar la actividad (ej. 'Pronto anunciaré el reto de los tres segundos'). Después de dar la señal, miro mi reloj. Los alumnos normalmente se tardan entre diez y quince segundos en obedecer; ¡para mí eso es un buen resultado! También puede proponer una recompensa grupal si toda la clase alcanza la meta de los tres segundos." —*Graham Bowman*

"Les digo 'pantallas hacia adelante' y mis estudiantes voltean sus pantallas hacia mí. De esta forma puedo evaluar su progreso en una asignatura y dar instrucciones adicionales sin distractores." —*Cari Wilson*

Recoger el trabajo de los estudiantes

Antes de la llegada de los dispositivos digitales a nuestros salones de clases, los estudiantes entregaban físicamente sus tareas. Aquellos maestros con un buen control de clase enseñaban a sus alumnos las rutinas de pasar sus papeles o de colocarlos en un lugar específico. Les enseñé a mis estudiantes a pasar los papeles hacia un lado (para evitar que le pegaran al compañero de adelante con un fajo de papeles). Después, un alumno recolectaba los papeles de todas las filas y los ordenaba. La tecnología ha vuelto este proceso un poco más complejo. Algunas de nuestras herramientas digitales vuelven la colecta de tareas más sencilla, sin embargo, la amplia gama de medios que asignamos para el uso de los alumnos genera la necesidad de emplear múltiples métodos.

Un buzón digital

Los profesores necesitan un lugar predeterminado para recolectar las tareas digitales. Un buzón o carpeta digital resulta una buena elección, ya que este espacio en línea es accesible tanto para los maestros como para los alumnos y la mayoría de los buzones digitales aceptan diversos tipos de archivos incluyendo documentos, diapositivas, imágenes, etc. Muchos Sistemas de Gestión de Aprendizaje (LMS) tienen una función de buzón digital integrado que cuenta con diversas características. Su grado de flexibilidad determinará su eficiencia.

Sin embargo, uno de los mejores usos de la tecnología en la educación es la capacidad de los estudiantes de publicar para una mayor audiencia. En la mayoría de los casos, el publicar el producto final resulta una forma de entrega más auténtica que entregarlo directamente al profesor. Los blogs de los estudiantes o los documentos compartidos son excelentes herramientas de publicación.

Los blogs de los estudiantes

Los maestros pueden utilizar los blogs de los estudiantes para revisar sus trabajos, considerando como entregadas las tareas que han sido publicadas en ellos. Los ensayos escritos son los elementos más comunes que se publican en un blog, sin embargo los videos e imágenes (ej. carteles o gráficos informativos) también pueden ser publicados. Las funciones de los LMS o la instalación de un lector de entregas pueden convertir la revisión de los blogs de los alumnos en una tarea tan fácil para los profesores como acceder al buzón digital.

Documento u hoja de cálculo compartida con vínculos a los proyectos

A veces, un documento u hoja de cálculo en la que los estudiantes puedan guardar los vínculos para sus trabajos finales es la fórmula que hace más sentido para recolectar las tareas. Digamos, por ejemplo, que sus estudiantes están haciendo un documental corto sobre el Movimiento por los Derechos Civiles en Estados Unidos. El recolectar varios gigabytes de archivos de video no haría sentido, existiendo la posibilidad de subirlos a YouTube de forma gratuita. Los alumnos pueden subir sus videos a YouTube y copiar el vínculo en el documento compartido. Esto también permite que los estudiantes puedan compartir su trabajo con sus padres y otras personas interesadas; así mismo, les permite acceder al trabajo de sus compañeros para hacer comentarios. Por último, usted estará orgulloso del increíble trabajo que sus estudiantes han creado por lo que podrá tener una lista de vínculos para compartir con otros miembros de su comunidad.

Incluso en un salón de clases equipado con dispositivos, es probable que algunos alumnos aún entreguen trabajos de forma física, por ejemplo un ensayo impreso o un mapa mental dibujado a mano. Puede ser que aún necesite un sistema para hacer pasar los papeles hacia usted, pero no olvide que los estudiantes pueden digitalizar las tareas realizadas de forma análoga con tan solo tomarles una foto y subirlas a su blog o entregándolas digitalmente.

Debido a que los alumnos pueden demostrar creativamente su aprendizaje de varias formas, tanto en papel como digitalmente, usted seguramente necesitará una forma predeterminada para recolectar ambos tipos de trabajo. Existe una gama de productos con múltiples estrategias de recolección disponibles para usted. Lo más importante es comunicar de manera clara la forma en que se debe entregar o publicar cada asignatura.

Comunicar la agenda del día y la tarea

Como lo mencionamos anteriormente, las buenas prácticas existentes antes de la aparición de los dispositivos en clase, aún son buenas prácticas hoy en día. Una de esas buenas prácticas es el anunciar físicamente los objetivos de aprendizaje así como la agenda del día y las tareas asignadas para casa. Esto permite comunicarles a los alumnos qué van a aprender y cómo van a aprenderlo. Al anunciar los objetivos de aprendizaje y las actividades de clase en un lugar visible, se minimiza la confusión y se maximiza el aprendizaje.

Consistente e inmediato

Los estudiantes no deberían tener que esforzarse para entender qué es lo que sucede en la clase del profesor. La información debería estar disponible de manera fácil para los alumnos, lo cual hace que la consistencia del profesor sea primordial. Los estudiantes deben poder encontrar la agenda, las tareas para casa y los objetivos en el mismo lugar y presentados de la misma forma cada día. Siempre deberán poder verlos al entrar al salón de clases para que no tengan que esperar ni tengan que preguntarse cuándo serán revelados.

¿Digital o análogo?

Existen numerosos beneficios sobre la presentación digital de la agenda y las tareas para casa:

Los estudiantes tienen acceso 24/7 a la información en línea.

Los vínculos para recursos y materiales suplementarios necesarios para las actividades pueden enriquecer la información.

Los maestros pueden permitir el acceso a cierta información en línea para los padres de familia.

Los alumnos pueden acceder a la información si faltan a clase, incluso antes de regresar a la escuela.

Todos estos beneficios son positivos, sin embargo también puede considerar anunciar una versión abreviada de la agenda y las tareas para casa en el pizarrón o en un rotafolio. Una versión análoga le permite tener un lugar hacia el cual redirigir la atención de las pantallas durante el transcurso de la clase.

Ejemplos y posibles herramientas

Mientras los estudiantes sepan cómo acceder a la información, casi cualquier espacio digital será adecuado para anunciar las agendas, tareas para casa y lecciones. Si su escuela utiliza un LMS (Moodle, Google Classroom, Blackboard, Schoology, Canvas, Haiku, etc.), resultará ideal anunciar la agenda y las tareas para casa a través de este medio, para que los estudiantes puedan tener acceso a la información de sus múltiples asignaturas. Otra opción es usar una presentación con diapositivas, como Google Presentations o Microsoft PowerPoint, en las que usted agrega una nueva diapositiva cada día. La presentación con diapositivas está disponible en línea para que los alumnos puedan tener acceso a ella fuera de clase.

Un sistema de calendarización en línea, como Google Calendar, es otra opción viable y tiene la ventaja agregada de ser compatible con dispositivos móviles. La utilización de una herramienta productiva, como un calendario, puede ayudarles a los estudiantes a aprender habilidades tales como hacer una lista de deberes para grandes proyectos.

La historia de Heather

Antes de que mis alumnos tuvieran sus propios dispositivos en el aula, los planes de lección que escribí, ya fuera en papel o en un documento digital, estaban destinados solo para mí. No compartía mi documento de planificación de clases con los estudiantes. Para ellos, reescribía los objetivos de aprendizaje, la agenda de la clase y la tarea en mi salón de clases, lo que significaba bastante trabajo dado que enseñaba diversas materias en un día.

Cuando mi escuela introdujo un programa 1: 1 y todos mis estudiantes tuvieron un dispositivo, muchas de mis rutinas anteriores cambiaron. Debido a que la tecnología estaba fácilmente disponible en mi aula, se hizo fácil poner información en línea con herramientas de publicación gratuitas y fáciles (blogs y sitios web) y empecé a poner los objetivos de clase y la agenda del día en línea.

A medida que hacía la transición de la información de clase en línea, comencé a usar el sitio en línea como mi planificador de lecciones en lugar de mantener un documento separado para mí. Cuando planeaba unidades, colocaba enlaces a las actividades y añadía recursos directamente en mi sitio de clase. Tener mis lecciones en línea es conveniente y eficiente, y cuando alguien está ausente, nunca tengo que contestar, "¿Qué hicimos ayer?" Del mismo modo, ya no existe una razón para que un estudiante pregunte: "¿Qué vamos a hacer hoy?"

Mi sitio de clase se ha convertido en mi planificador de lecciones y en el lugar al que mis estudiantes acuden para ver el calendario de clases, incluyendo objetivos, actividades y tareas. Marcan el sitio como favorito para facilitar el acceso en cualquier momento que lo necesiten. Además, puedo proyectar la información necesaria al principio de cada clase en lugar de pasar más tiempo copiando los objetivos y la agenda para cada clase.

Activador: lo que hacen los alumnos al entrar al aula

Los profesores con un buen manejo de clase a menudo utilizan una actividad especial para dar inicio a sus clases. Ya sea que le llame a esta actividad calentamiento, activador, "parar las antenas" o "momento de esponjas" (absorber todo el tiempo), el objetivo es poder comenzar la clase a tiempo sin necesidad que el maestro de instrucciones explícitas. La teoría pedagógica dice que dichas actividades (ejercicios cortos de pre-pensamiento, pre-lectura, resolución de problemas o escritura de un diario) ayudan a los estudiantes a llevar a cabo la transición hacia el tema a aprender. También le permiten al profesor la libertad de atender a los estudiantes de manera individual, tomar asistencia o llevar a cabo otras tareas cotidianas mientras los alumnos se centran y se concentran en el conocimiento a venir. Como con cualquier otro procedimiento, los estudiantes deben entender las expectativas. El maestro deberá repetirlas varias veces y permitir la oportunidad de practicarlas, así como debe ser consistente tanto en la frecuencia de uso como en el lugar en donde se exponen las instrucciones.

Las mismas herramientas digitales utilizadas para comunicar las agendas y tareas para casa pueden usarse para comunicar las instrucciones del activador. Usted podrá incluir en ellas el activador y exponerlo siempre al principio de la clase. Susan, una maestra veterana, utiliza Google Slides como herramienta para comunicarlo. La agenda de clase, incluyendo el activador y la tarea para casa, se encuentra anotada en una diapositiva cada día. La presentación crece cada día con una nueva diapositiva, convirtiéndose en un registro de la actividad de clase. El profesor proyecta la diapositiva del día para comenzar cada clase y debido a que la presentación de diapositivas se comparte con los estudiantes, pueden acceder a ella desde casa.

ACTIVADOR

1. Cierra todas las aplicaciones excepto Microsoft Word.

2. Utiliza figuras y líneas para construir 10 símbolos que tengan una connotación positiva.

ACTIVADOR

1. Cierren sus dispositivos.

2. Saquen una hoja de papel y un lápiz.

3. Dibujen 10 símbolos que tengan una connotación positiva.

Las actividades del activador deberían ser fáciles de entender para todos los alumnos. Deben incluir:
- instrucciones sobre qué hacer
- una lista clara de herramientas que los estudiantes deben utilizar
- instrucciones que indiquen qué deben hacer los estudiantes con sus dispositivos

Asistencia

El tomar asistencia es una tarea diaria y debería llevarse a cabo de manera rápida, sin contar con la atención de los estudiantes. Si los alumnos están completamente implicados en el procedimiento de tomar asistencia o esperando a que el maestro termine, se estará desperdiciando el tiempo de aprendizaje. La manera más efectiva de tomar asistencia es comparando rápidamente el organigrama de lugares asignados con los alumnos presentes mientras ellos llevan a cabo alguna asignatura. A pesar de que los dispositivos conectados a Internet han cambiado muchos aspectos de la enseñanza y el aprendizaje, el tomar lista no forma parte de ellos. Ya sea que marque a los alumnos ausentes en una hoja de papel o en algún tipo de sistema en línea, el objetivo es hacerlo de manera rápida y acertada, sin perder el tiempo de los estudiantes.

Una vez que tenga un plan para el activador, podrá considerar las opciones para marcar la asistencia. El activador mismo puede proporcionarle una forma de marcar asistencia o puede utilizar una herramienta de pruebas en línea. Mientras los alumnos inician sesión con la herramienta de pruebas y entregan sus respuestas, el profesor puede ver quién no ha entregado sus respuestas y marcar la ausencia de dichos estudiantes. A veces también resulta conveniente tener un método escrito a mano; por ejemplo, una maestra que conocemos crea un documento al principio del año escolar con una lista de los nombres de todos los alumnos de su clase, seguidos de columnas con casillas. En el caso de no poder acceder a un dispositivo y tener que tomar asistencia en papel, la maestra cuenta con este documento para marcar las ausencias. Después podrá transferir la información al documento en línea.

Alumnos ausentes

Las clases dotadas de dispositivos y los programas 1:1 han hecho la administración de los alumnos ausentes más fácil que nunca. Los maestros con un buen manejo de clase siempre han tenido procesos y procedimientos para los alumnos ausentes; usualmente, las tareas corregidas y otros elementos que el estudiante no pudo recoger se colocaban en un archivero junto con la agenda de los días que estuvo ausente. Hoy en día, las agendas y las tareas para casa, así como los vínculos para los trabajos corregidos deberían estar disponibles en línea, facilitándole al alumno ausente el saber de qué se perdió, antes de volver a clase. El maestro no debería tener que publicar ninguna información suplementaria para el alumno ausente. En vez, la comunicación cotidiana de la agenda y la tarea para casa deberían ser suficientes tanto para los alumnos en clase como para aquellos que faltaron. Los alumnos ausentes pueden tener la necesidad de encontrarse con el maestro para cualquier aclaración, lo cual puede llevarse a cabo mientras los demás llevan a cabo el activador.

Tanto los alumnos como los maestros deben tener claras las expectativas que conciernen a las ausencias. El papel del maestro consiste en comunicar de manera consistente las agendas y tareas para casa. El papel de estudiante es revisar la información antes de clase y venir preparado con cualquier duda para ser aclarada. Juntos, el maestro y los alumnos deben ponerse de acuerdo en los tiempos para completar asignaturas especiales.

Procedimientos para dispositivos compartidos

Si su salón de clases cuenta con dispositivos compartidos (más de un alumno por dispositivo), deberá tomar en cuenta diversos elementos e implementar procedimientos que seguramente diferirán de aquellos necesarios para un programa 1:1 o cuando los alumnos tienen dispositivos propios.

Cuentas para los dispositivos

Muchos dispositivos le permiten a cada estudiante crear una cuenta; por ejemplo, un alumno que utiliza un Chromebook puede iniciar sesión en su cuenta con un nombre de usuario y una contraseña y así tener acceso inmediato a todos sus archivos personales. Las laptops con sistemas operativos como Windows y Mac también cuentan con la función de varios usuarios. Cuando dicha función se encuentre disponible, utilícela para evitar que otros alumnos alteren la información y archivos pertenecientes a un estudiante en particular.

Otras cuentas en internet

Si los estudiantes utilizan dispositivos que no permiten tener cuentas individuales, deberán cerrar las sesiones de cualquier cuenta en la que hayan iniciado sesión dentro del dispositivo compartido y usted deberá considerar el tiempo necesario de clase para este propósito. Debe recordarles a los alumnos la importancia de proteger sus cuentas saliendo de sus sesiones al terminar de trabajar.

¿Dónde guardar el trabajo?

Otro elemento a considerar es la ubicación en la cual los alumnos guardarán su trabajo. La mejor opción es guardar sus archivos en la nube de sus cuentas individuales. Google Apps y Microsoft 365 facilitan la tarea; también puede hacerse con la mayoría de los LMS. Dependiendo de los dispositivos con los que se cuenta, la forma en que están configurados y ya sea que los alumnos cuenten con el servicio de nube o no, puede que necesite crear un diagrama de pasos a seguir para que los alumnos puedan guardar su trabajo en el dispositivo local o en la red local de la escuela. Otra posibilidad es que cada alumno tenga una carpeta en el dispositivo en la cual pueda guardar su trabajo.

Oportunidades de extensión

Los maestros con un buen manejo de clase siempre cuentan con un plan para aquellos estudiantes que terminan las tareas antes del tiempo previsto ya que, al no tenerlo, el alumno encontrará la forma de ocupar su tiempo y sus actividades tienen el potencial de distraer a los demás estudiantes mientras terminan sus tareas. En muchas clases, la actividad más común para aquellos alumnos que terminan su trabajo ha sido ponerlos a leer un libro de su elección. Esta es una opción popular debido a que la lectura es preciosa para los educadores, es una tarea individual, puede llevarse a cabo en silencio, no distrae a los demás estudiantes y no requiere de atención adicional por parte del maestro.

La adición de dispositivos digitales ha sumado cierta complejidad a esta situación. Los dispositivos digitales tienen tal poder de versatilidad que literalmente nos dan acceso a todo un mundo de posibles actividades. Los alumnos claramente pueden leer en sus dispositivos, sin embargo también pueden jugar, ver videos, componer música, crear obras de arte y muchas cosas más. El elemento clave es emplear el poder del dispositivo para extender la experiencia de aprendizaje

> Los dispositivos digitales tienen tal poder de versatilidad que literalmente nos dan acceso a todo un mundo de posibles actividades.

individual, sin dejarlo convertirse en una distracción. Para lograrlo, el maestro que cuenta con un buen manejo de clase debe ofrecerles a los estudiantes una lista de actividades para escoger y ser claro al comunicar las expectativas.

Lo peor que puede hacer un maestro es permitirles a los alumnos la autonomía total en la elección de las actividades. Esto conducirá a trabajos mal hechos, ya que los alumnos querrán terminar las tareas tan rápido como les sea posible para poder pasar a actividades de su elección (juegos en línea, ver videos de la cultura pop, etc.). Les aconsejo a los profesores brindarle a los alumnos algunas opciones principales con valor educativo y que puedan llevarse a cabo de manera individual. Sin embargo, siempre podrán escoger el favorito de todos los tiempos: leer un libro.

Trabaje en un portafolio

Los portafolios en línea ofrecen a los alumnos la oportunidad de reflexionar acerca de su aprendizaje y demostrar sus procesos de pensamiento, así como sus talentos. Debido a que los alumnos se encuentran en un estado de constante crecimiento y aprendizaje, un portafolio es un trabajo continuo que debe ajustarse y actualizarse constantemente con los trabajos y pensamientos más recientes del alumno. Al tener establecido un sistema de portafolio, como pudiera ser un blog, una página web o un software independiente, los maestros tendrán un lugar al cual dirigir a los alumnos que terminen sus actividades antes que el resto de la clase.

Ejercicios de extensión

Los ejercicios de extensión son actividades aprobadas por el maestro y pertinentes a la clase o materia. Los juegos, software específico para un tema, los WebQuest y las listas de reproducción de YouTube son algunos ejemplos.

Juegos

Los programas en línea como Quizlet pueden ser utilizados para crear juegos en los que se practique el vocabulario propio a la unidad estudiada en el momento. En varios de estos juegos en línea, los estudiantes pueden trabajar de manera independiente mientras un marcador rastrea su progreso y les permite competir con otros alumnos.

Software específico

Posiblemente su escuela esté suscrita a una página web o software destinado a la práctica independiente de habilidades. Muchos de estos programas están disponibles para practicar matemáticas, vocabulario, mecanografía, idiomas, etc. Los mejores programas son aquellos que incluyen un panel para el profesor, que le permitirá evaluar el progreso de los estudiantes.

WebQuest

Un WebQuest reta a los estudiantes a ahondar en un tema. El maestro prepara una serie de vínculos a páginas web que los estudiantes deben seguir, a menudo acompañados de una lista de preguntas para mantener al alumno concentrado.

Listas de reproducción de YouTube

El profesor crea una lista de reproducción de videos que los estudiantes tienen permitido ver. Una vez más, normalmente existe una serie de preguntas para mantener la concentración del alumno.

Lista genérica

Una lista genérica de actividades puede ser aplicada de manera general tanto en salones de clases independientes como en cursos con temas específicos. A continuación enlistamos tres opciones para ayudarle a pensar en otras que pudiera agregar a su lista.

Screencast

Los estudiantes crean un *screencast* (grabación digital de procesos en la pantalla), en el que les enseñan un concepto a los demás alumnos.

Desarrolla una lista de reproducción

Los alumnos crean una lista de reproducción de los cinco videos más relevantes respecto a un tema de estudios actual.

Crea tarjetas mnemotécnicas

Los alumnos crean tarjetas mnemotécnicas u otros juegos como Quizlet que los demás estudiantes podrán utilizar para estudiar el tema de clase actual.

Protocolo para nombrar archivos

Cuando nosotros éramos estudiantes, los maestros nos daban instrucciones sobre el lugar donde escribir nuestro nombre en la tarea: "Pongan su nombre, fecha y clase en la esquina superior derecha". Tal vez querían enseñarnos a ser organizados o probablemente lo hacían para guardar la cordura al momento de evaluar las tareas. (Puede que se tratara de ambas). A pesar de que los salones de clases digitales exigen un menor número de papeles a imprimir y entregar de forma física, los maestros aún necesitan saber quién hizo qué con el objetivo de poder evaluar y reportar calificaciones. Al considerar la manera en que los alumnos entregarán sus asignaturas en este nuevo ambiente de trabajo (ver la sección de "Recoger el Trabajo de los Estudiantes"), debe darles a los alumnos instrucciones claras sobre la manera de nombrar sus archivos o presentar vínculos.

Los protocolos para nombrar archivos ayudan a los estudiantes a organizarse y utilizar las mejores prácticas para guardar y posteriormente encontrar sus tareas. También le ayudan a usted al momento de corregir las asignaturas. Los alumnos de secundaria pueden utilizar el formato apellido-nombre-periodo-tarea, mientras que los alumnos de primaria pueden usar simplemente el formato nombre-tarea. Usted conoce a sus estudiantes y lo que puede funcionarles mejor en referencia a su nivel de desarrollo.

> Los protocolos para nombrar archivos ayudan a los estudiantes a organizarse y utilizar las mejores prácticas para guardar y posteriormente encontrar sus tareas.

Cada vez más LMS están desarrollando funciones para que los maestros puedan crear tareas para cada estudiante con solo pulsar un botón, eliminando así la necesidad de establecer protocolos para nombrar los archivos. Normalmente, dichas tareas están organizadas por clase e incluyen el nombre del alumno. Los mejores de entre estos sistemas ofrecen acceso adjunto a los archivos al momento de crearlos, permitiéndole al maestro monitorear periódicamente el progreso en vez de tener que esperar a la entrega final. Si su escuela utiliza un LMS, valdría la pena investigar acerca de las funciones para la creación de tareas.

Impresión

El hecho de que cada alumno tenga un dispositivo en sus manos cambiará por completo las necesidades de impresión. De hecho, muchas de las escuelas que implementan programas 1:1 encuentran una reducción natural en la cantidad de impresiones, sin intentar de manera expresa convertirse en una escuela libre de papel. Esto sucede de manera natural, ya que los maestros comparten una mayor cantidad de documentos de forma digital en vez de imprimirlos y recuperan las tareas de la misma forma, en vez de hacer que los estudiantes las impriman. La cantidad de impresiones también se ha visto reducida debido a que algunas de las actividades han cambiado desde que los alumnos tienen dispositivos. Anteriormente, los alumnos pudieron haber utilizado hojas de ejercicios para practicar una habilidad específica, mientras que hoy, los alumnos pueden practicar la misma habilidad mediante un juego en línea o una página web interactiva.

No estamos tratando de convencerlo de liberar su clase de todo papel; a veces el papel resulta ser la herramienta correcta para trabajar. Sin embargo, lo alentamos a pensar dos veces antes de pedir un trabajo impreso. Antes de imprimir, considere lo siguiente:

- ¿Se trata de algo a lo cual los alumnos podrían acceder a través de sus dispositivos?
- ¿Puede ahorrar tiempo y recursos si comparte en línea en vez de imprimir?
- ¿Requiere de una versión impresa para poder evaluar el producto?
- ¿Recolectar una versión digital podría facilitar la tarea de compartir información con una mayor audiencia?

Si decide imprimir, existen algunas consideraciones a tomar en cuenta sobre el procedimiento: deberá determinar la mejor forma para que los estudiantes impriman, utilizando el menor tiempo de aprendizaje posible y ofreciendo el menor número de oportunidades de distracción. Como sucede con todos los procedimientos, también deberá emplear más tiempo de clase para enseñarle a sus alumnos y permitirles practicar el procedimiento. Al desarrollar un procedimiento de impresión, deberá tomar en cuenta lo siguiente:

- ¿Dónde imprimir? (ubicación física de las impresoras en la escuela)
- ¿Cuándo imprimir? (tiempos de disponibilidad de las impresoras y momentos en los que se permite a los alumnos imprimir)

- ¿Cómo imprimir? (el procedimiento técnico para conectarse a una impresora y enviar un trabajo a imprimir)

Si todo esto le provoca dolor de cabeza, recuerde que la recolección de tareas de forma digital se ha vuelto cada vez más fácil. La impresión sigue siendo una práctica que consume tiempo y recursos. Evite imprimir cuando sea posible.

Reglas y expectativas en el salón de clases

La primera regla sobre el manejo del salón de clases: Comunicar de manera clara las expectativas de comportamiento para la clase, lo cual también aplica para los salones de clase digitales.

Estableciendo una cultura de respeto

Escuela

Al establecer sus expectativas, empiece con reglas a nivel escolar. ¿Existe un Acuerdo de Ciudadanía Digital (DCA, por sus siglas en inglés) o una Política de Usos Aceptables (AUP, por sus siglas en inglés) al cual todos los alumnos deben apegarse? Estas podrían ser las bases de sus expectativas de clase y de las conversaciones que emerjan cuando existan faltas de conducta.

Salón de clases

También deberá ser claro al comunicar cualquier regla o expectativa de comportamiento específicas para su salón de clases. Puede considerar utilizar una de las ideas que le compartimos acerca de la creación de una secuencia de trabajo efectiva para el salón de clases, que podría convertirse en la base de sus expectativas de clase. Por ejemplo, si una actividad de activador [refiérase a la sección Activador: Lo que Hacen los Alumnos al Entrar al Aula] se vuelve parte de su rutina diaria, su expectativa sería que los alumnos siempre busquen el activador y que se pongan a trabajar en él al entrar al salón de clases. En poco tiempo, los estudiantes estarán aprendiendo desde el momento de su llegada a clase.

Establezca únicamente reglas que planee implementar

Cuando se encuentre con un reto en su clase 1:1 (y seguramente lo hará) su primera reacción podría ser el crear una nueva regla para hacerle frente. Pero si implementa una nueva regla con cada reto, pronto tendrá demasiadas reglas y será difícil implementarlas todas de forma realista. De igual forma, evite hacer amenazas falsas; los estudiantes pueden distinguirlas fácilmente. Diga lo que piensa firmemente y aplique las consecuencias pertinentes.

Al pensar en las expectativas para su salón de clases, piense en el objetivo general de su clase: Utilizar la tecnología como medio de aprendizaje. Cuando surjan retos, en vez de inventar una nueva regla, relacione el reto directamente con sus objetivos. Mantenga sus expectativas lo suficientemente simples para que cualquier alumno pueda repetirlas rápidamente cuando se le pregunte.

Evite el pánico tecnológico del maestro

De cierta forma, el mundo digital puede amplificar nuestros errores y malos comportamientos en un sentido inconcebible en el mundo análogo. Si cometió un error en su etapa adolescente, probablemente un puñado de personas se enteraron. Usted podía aprender del error y quizás olvidarse de lo sucedido al final del día. Hoy, un error puede ser fácilmente capturado en forma de fotografía o video y puede ser compartido con miles de personas, haciéndolo difícil de olvidar.

La tecnología puede generar verdaderos problemas que deberán ser abordados con los estudiantes, sin embargo, para los educadores existe el riesgo de amplificar las faltas de conducta incurridas con los dispositivos digitales. Si un alumno está conversando en línea con un compañero durante el tiempo de clase, los maestros podían reaccionar exageradamente, con "tecno-pánico", y querer prohibir cualquier tipo de comunicación digital dentro del salón de clases. El problema real es un estudiante distraído comunicándose con otro, el equivalente digital de pasar notas o susurrar en un salón de clases análogo.

Elimine el pánico tecnológico considerando el equivalente análogo de los problemas en el comportamiento. Es muy probable que las técnicas aplicadas en el salón de clases análogo funcionen también en el salón de clases digital.

> Elimine el pánico tecnológico considerando el equivalente análogo de los problemas en el comportamiento.

Manejo de la duración de vida de la batería

En un programa 1:1 en el que los estudiantes pueden llevar consigo sus dispositivos a casa todos los días, podrán cargarlos tanto en casa como en la escuela. De cualquier forma, la responsabilidad de cargar los dispositivos deberá recaer siempre sobre los alumnos.

Prohibido cargar en la escuela

Muchos programas exitosos que usan laptops y tablets tienen reglas estrictas que prohíben que los estudiantes traigan a la escuela sus cargadores. Se espera que los alumnos lleguen todos los días con su dispositivo completamente cargado y que sepan administrar la vida se sus baterías para asegurarse que el dispositivo funcione hasta la última clase del día. Para que esto se cumpla, deben darse dos condiciones: Primero, la batería del dispositivo tiene que tener la duración de vida necesaria para todo un día de clases. Segundo, los maestros deben permitir que los estudiantes experimenten las consecuencias naturales cuando sus dispositivos se quedan sin batería: el alumno no contará con un dispositivo. Los estudiantes quieren usar sus dispositivos, por lo que administrarán de forma correcta la vida de su batería si les damos la responsabilidad y si mantenemos expectativas altas al respecto.

Carga en la escuela

Si se les permite a los estudiantes cargar sus dispositivos en la escuela, es menos probable que lleguen a la escuela preparados, generando mayores oportunidades para dispositivos que requieran ser cargados durante el día. Si este caso aplica en su escuela, asegúrese de que los alumnos entiendan que es su responsabilidad el conectar su dispositivo de manera rápida, silenciosa y en el momento adecuado. La única responsabilidad del maestro sería indicarles claramente a los alumnos la ubicación de las tomas de corriente. Los estudiantes deberían poder conectar sus dispositivos cuando sea necesario, sin necesidad de llamar la atención ni distraer a sus compañeros.

Carga en una clase con dispositivos compartidos

El hecho de compartir dispositivos genera un reto particular en relación a la vida de la batería. No hay nada peor para un alumno que el descubrir que la persona desconsiderada que utilizó el dispositivo antes que él/ella no lo conectó adecuadamente a la corriente. Nunca resulta divertido tener que lidiar con las consecuencias de la falta de atención ajena.

Si usted enseña en un salón de clases con dispositivos compartidos en el que los dispositivos pueden ser cargados dentro del aula, deberá promover el sentido de equipo instando a los alumnos a asumir la responsabilidad de conectar adecuadamente los dispositivos al terminar de usarlos para asegurarse que estén cargados para la siguiente persona. El asignar dispositivos específicos a cada estudiante en vez de que escojan uno al azar cada día, aumenta el sentido de pertenencia, cuidado y responsabilidad de los alumnos hacia sus dispositivos. Aun así, usted querrá verificar los dispositivos antes de dar por finalizada la clase. O, mejor aún, puede encomendar la responsabilidad de la verificación de dispositivos a un par de alumnos responsables. Pueden revisar todos los dispositivos al final de cada clase y confirmarle que todo está propiamente conectado; entonces puede dar la clase por terminada.

Cuidado del dispositivo

Ya sea que los dispositivos les pertenezcan a los alumnos o a la escuela y ya sea que se trasladen con los estudiantes o se queden en un salón de clases fijo, se deberá establecer una cultura de cuidado responsable hacia el equipo. Los daños a los dispositivos pueden resultar en reparaciones o reposiciones costosas y el quedarse sin dispositivo puede causar grandes alteraciones al aprendizaje. El maestro que posee un buen manejo de clase establece una cultura de uso responsable y comunica claramente los lineamientos sobre los procedimientos básicos respecto al transporte de dispositivos. A continuación se presentan algunos elementos a considerar mientras establece las reglas y procedimientos de su clase.

Acceso a los dispositivos

Los estudiantes que traen consigo a clase sus dispositivos deben saber dónde colocarlos. ¿Deben ponerlos sobre los escritorios, bajo los escritorios o en otro lugar destinado al almacenamiento? Si los dispositivos se guardan en su salón de clases, deberá establecer la forma en la que los alumnos sacan sus dispositivos y los vuelven a guardar.

Transporte de los dispositivos

La existencia de lineamientos establecidos a nivel escolar para el transporte de dispositivos resulta ideal, ya que el refuerzo conjunto de todos los maestros ayuda a los estudiantes a memorizarlos. Las consignas simples como "siempre utiliza las dos manos" funcionan bien. En el caso de las laptops, instruir a los alumnos a cerrar la cubierta y guardarla en el estuche (si tienen uno) resulta una mejor práctica que permitirles moverse alrededor del salón con la laptop abierta.

Qué no hacer con los dispositivos

Así como los estudiantes necesitan lineamientos para el uso correcto de los dispositivos, también necesitan recibir instrucciones acerca de aquello que hay que evitar para prevenir daños costosos al equipo.

Líquidos

Los estudiantes deberán mantener sus dispositivos lejos de cualquier líquido. La más mínima gota de agua puede causar daños de cientos de dólares al dispositivo. Muchos profesores permiten botellas de agua dentro del salón de clases, sin embargo estas deberán permanecer en el suelo para evitar que se encuentren sobre la misma superficie que los dispositivos.

Superficies seguras

Los estudiantes deberán colocar sus dispositivos sobre una mesa u otra superficie plana y de forma segura, es decir, sin ninguna de sus partes colgando sobre la orilla. De igual manera, nunca deberán colocarse, como me gusta decirlo, "en los lugares donde van pies y traseros". Esto mantiene los dispositivos sobre superficies elevadas (escritorios, mesas, barras) y no en escaleras, sillas, bancas ni en el piso, lo cual representa riesgos importantes, pudiendo ser pisados o corriendo peligro de que alguien se siente en ellos.

Preparación para el aprendizaje

Cree su propio hábito de "preparación para el aprendizaje", identificando y reforzando los elementos más importantes que los alumnos requieren para estar completamente listos para utilizar sus dispositivos para aprender. Esto podría significar que los estudiantes de una escuela 1:1 con laptops sean responsables todos los días de tener sus laptops disponibles y listas para ser usadas, con la batería completamente cargada y audífonos en el estuche del dispositivo. Si falta cualquier de estos elementos, se perderá tiempo de aprendizaje.

Los elementos más importantes de su clase dependerán de su situación particular. En el caso de contar con dispositivos compartidos, puede que los alumnos deban cerrar sus sesiones antes de abandonar el salón de clases o quizás deberán cerciorarse que sus dispositivos estén correctamente conectados antes de salir. Cualquiera que sea su situación, determine los elementos esenciales para que los estudiantes estén listos para aprender todos los días con la tecnología.

Zona libre de audio

Algunos salones de clases 1:1 son considerados como "zonas libres de audio" debido a que los estudiantes deben usar audífonos para escuchar piezas de audio o video de forma independiente. No estamos promoviendo que se les permita a los alumnos escuchar música o ver videos de YouTube cuando deberían estar concentrados en escribir un ensayo. Pero cuando los estudiantes necesitan escuchar piezas de audio o ver videos como parte de una tarea de investigación, los audífonos les permiten ser respetuosos con el aprendizaje de los demás al evitar distraerlos.

Posters

Una vez que haya identificado sus principales procesos y procedimientos, cree posters para darles "promoción" en el salón de clases. Estos sirven como recordatorios visuales de sus expectativas y pueden ser utilizados como referencia al momento de corregir comportamientos. Pronto, su "campaña publicitaria" dará resultados, cuando los procedimientos se transformen en rutinas y los estudiantes se monitoreen y corrijan a sí mismos y entre ellos.

A continuación incluimos una serie de ejemplos de posters para una "campaña publicitaria" que usted podrá descargar y utilizar en clase:

- Prepárate Para Aprender
- Conéctate

- Piensa Antes de Publicar
- Pregúntale a Tres Antes que a Mí
- Los Líquidos son los Enemigos #1 de los Dispositivos

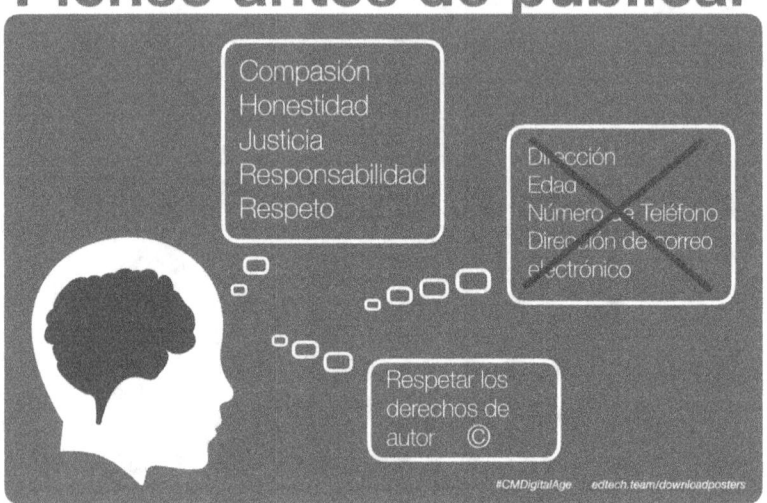

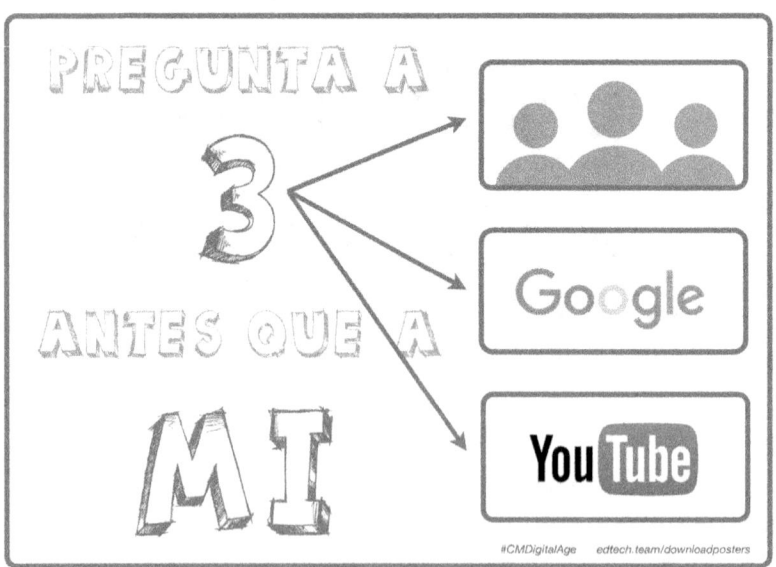

**Descargue estos pósters en
www.cmdigitalage.com**

Ciudadanía digital

La tarea de enseñarles a los estudiantes a ser buenos ciudadanos no es nueva. Lo hacíamos mucho antes de que los dispositivos tecnológicos fueran introducidos a nuestros salones de clases. Hoy en día tenemos la responsabilidad de ayudar a que nuestros alumnos sean buenos ciudadanos tanto en línea como cuando no están conectados. Por lo tanto, es importante abordar dentro del salón de clases el significado de la buena conducta en línea. Así se define, de manera simple, la ciudadanía digital.

Mientras los programas 1:1 continúan creciendo alrededor del mundo, los educadores necesitan entender las diferentes categorías de la ciudadanía digital e integrarlas a lo largo del plan de estudios. Antes, las escuelas manejaban la ciudadanía digital como un tema especial. Hemos encontrado que el tratarlo como un tema aparte lo pone fuera de contexto y por lo tanto no se le da la atención merecida. La ciudadanía digital debe ser una parte activa de las vidas de nuestros alumnos, tanto en la escuela como en casa.

> La ciudadanía digital debe ser una parte activa de las vidas de nuestros alumnos, tanto en la escuela como en casa.

Por fortuna, los maestros tienen a su disposición recursos y planes de estudios gratuitos y de alta calidad en materia de ciudadanía digital. Common Sense Education (Educación con Sentido Común) cuenta con una serie de lecciones de amplio espectro (desde primaria hasta preparatoria) entre otros recursos, incluyendo planes de estudios y herramientas en línea para los estudiantes. Además, ofrecen evaluaciones que permiten involucrar a los alumnos en temas como auto-imagen e identidad, relaciones y comunicación, huella digital y reputación, ciber-intimidación y drama digital, alfabetización informacional, seguridad en Internet, privacidad y seguridad, crédito a la creatividad y derechos de autor.

Puede acceder al currículum de Common Sense Education en su página web (commonsensemedia.org) para encontrar las lecciones disponibles para el grado de su clase. Cada lección está concebida de manera individual, con una duración de 45 minutos, sin embargo, usted puede decidir tomar solamente una porción de una lección para integrarla a uno de sus proyectos. Por lo tanto, no sienta que debe usar los planes de estudios tal y como están escritos. Utilice estos recursos de la manera en que mejor se adapten a su clase. Si todos asumimos la responsabilidad de ayudar a nuestros alumnos a convertirse en buenos ciudadanos digitales, los encaminaremos a utilizar la tecnología de manera ética y responsable.

¿QUÉ HACER AL ENCONTRARSE CON UNA PÁGINA WEB INAPROPIADA?

La mayoría de las escuelas cuentan con filtros de Internet para evitar que nuestros estudiantes más jóvenes se encuentren accidentalmente con materiales inapropiados. Sin embargo, a pesar de los filtros y barreras, los sitios web inapropiados aún pueden escabullirse a través de las medidas de seguridad. Los maestros deben estar preparados y entrenar a sus alumnos para manejar dichas situaciones. En nuestra experiencia, el simple hecho de tener una conversación adecuada a la edad de los estudiantes ha resultado el mejor método para asegurarnos que sepan qué hacer cuando esto ocurre. Una sugerencia es instruir a los alumnos a cerrar la pestaña de la página en cuestión y avisar al profesor. A continuación, el maestro podrá buscar en el historial de navegación y, potencialmente, determinar cómo llegó el alumno a dicha página. Esta simple regla funciona a nivel primaria, pero seguramente requerirá ser modificada para secundaria y grados subsiguientes.

Programa de entrenamiento intensivo

Al empezar a utilizar dispositivos 1:1 en su clase, necesitará tomarse el tiempo de enseñarles a los alumnos acerca de la tecnología y las expectativas para su uso. El hecho de tomarse el tiempo al principio del curso valdrá el esfuerzo, ya que los estudiantes tendrán las habilidades y recursos necesarios para utilizar sus dispositivos de forma responsable.

Muchas escuelas llevan a cabo un "programa de entrenamiento intensivo" para lanzar un nuevo programa de dispositivos 1:1 y establecen como requisito para los alumnos el tener que terminarlo antes de poder llevar sus dispositivos consigo a casa. Un ejemplo de dicho tipo de programa es una escuela que emplea dos días enteros al principio de ciclo escolar para lanzar su programa de laptops 1:1. Los estudiantes llevan a cabo una serie de actividades diseñadas para familiarizarlos con sus dispositivos y con el programa. Se incluyen los temas de ciudadanía digital, cuidado de la laptop, productividad y organización y uso sano de la laptop. Si su escuela cuenta con un programa de entrenamiento intensivo, asegúrese de conocer lo que los estudiantes aprendieron para poder reforzar dichas habilidades en clase a lo largo del año escolar. Puede darle seguimiento con una versión miniatura del programa de entrenamiento intensivo para que los alumnos conozcan las reglas y expectativas particulares de su clase. Si su escuela no cuenta con un programa de entrenamiento intensivo para los estudiantes, usted puede llevar a cabo uno en su clase. Dependiendo de su horario y de cuánto tiempo tiene disponible con sus alumnos, puede personalizar las actividades para que se ajusten a sus parámetros. A continuación presentamos algunos temas que podría considerar cubrir:

- ***Política de Usos Aceptables / Acuerdo de Ciudadanía Digital***—Si su escuela cuenta con una Política de Usos Aceptables o similar, tómese el tiempo de leerla con los alumnos. Ayúdelos a entender lo que están firmando y a lo que se están comprometiendo a cambio de poder usar un dispositivo escolar.

- *Privacidad y seguridad*—Ayude a los estudiantes a establecer contraseñas fuertes para sus dispositivos y cuentas. Enséñeles a identificar la información que deben evitar compartir (su apellido y domicilio, por ejemplo) al publicar en línea.
- *Cuidado y manejo de la laptop*—Enséñeles a los alumnos a ser usuarios responsables y a cuidar de sus dispositivos. Se podrían incluir temas como la carga, almacenamiento correcto, uso de estuches y lugares apropiados para el uso seguro.
- ¿Cómo usar el dispositivo?—A diferencia de lo que se piensa popularmente, los estudiantes no nacen sabiendo cómo utilizar la tecnología. Aprenden mediante la acción. Enséñeles a los alumnos cómo utilizar sus dispositivos, tanto el hardware como el software. Diseñe algunas actividades para introducir las aplicaciones y programas de los dispositivos de los alumnos.
- *Ciudadanía digital*—El programa de entrenamiento intensivo resulta un momento ideal para empezar el año escolar con el pie derecho, sin embargo no es el único momento en el que se debe hacer referencia a la ciudadanía digital. Enséñeles a los alumnos lo que significa la buena ciudadanía digital y considere pedirles hacer un compromiso como ciudadanos digitales. O puede tomar las ideas principales de la ciudadanía digital y combinarlas con las expectativas de clase, haciendo que los alumnos se comprometan a ambas.

Involucre a los padres de familia en el proceso del programa de entrenamiento intensivo. Pídales a los estudiantes que les enseñen a sus papás algo de lo aprendido durante el programa de entrenamiento intensivo y, si los alumnos se llevan sus dispositivos a casa, ayude a las familias a implementar expectativas para el uso en casa. Una forma de llevarlo a cabo es desarrollando una lista de acuerdos que los padres y alumnos podrán modificar para su aplicación. Por ejemplo:

- Acordar que la laptop no le pertenece al alumno, sino a la escuela y que su propósito principal es el aprendizaje académico.
- Acordar sobre el uso correcto (e incorrecto) de la laptop fuera de su propósito principal. Considere si permitirá que los estudiantes jueguen, socialicen, accedan a redes sociales, etc.
- Acordar sobre el lugar en el que se cargará la laptop cada noche. Considere el sitio, la hora y la forma en la que esta actividad se ajusta a la rutina nocturna del alumno (ej. después de lavarse los dientes).
- Acordar sobre el lugar y tiempos de utilización de la laptop en casa. Considere la elección de lugares privados contra lugares públicos, mediar entre el tiempo de pantalla y el tiempo cara a cara y establecer un "toque de queda" para Internet. Tenga en cuenta los lugares de riesgo para la laptop.
- Acuerde sobre las condiciones del tiempo de tareas en casa. Considere la implementación de expectativas sobre un lugar específico para hacer la tarea y sobre qué aplicaciones y servicios deberán mantenerse apagados. Considere las diferencias entre la "hora de la tarea" y la "hora del descanso".
- Acuerde mantener un diálogo abierto y honesto sobre la vida digital del estudiante. Considere implementar expectativas sobre cómo manejar la ciber-intimidación y el procedimiento a seguir en caso de que los alumnos se encuentren con páginas inapropiadas.
- Acuerde sobre la posibilidad de ajustar los presentes acuerdos y agregar otros acuerdos de ser necesario.

Common Sense Education también cuenta con un Acuerdo de Medios para las Familias, el cual podrá compartir con los padres de familia como medio para fomentar la comunicación abierta con sus hijos acerca de las expectativas en casa.

HACER FRENTE A LAS DISTRACCIONES

ENSEÑE A SUS ALUMNOS SOBRE EL MULTITASKING

Debido a que constantemente nos encontramos haciendo varias cosas a la vez, es fácil creer que el *multitasking* (la habilidad de llevar a cabo múltiples tareas al mismo tiempo) es real. Imagine que está haciendo de cenar y teniendo una conversación con un miembro de su familia. Fácil, ¿cierto? Ahora imagine que está preparando un platillo que nunca había hecho antes y leyendo la receta para asegurarse de seguir el orden correcto. En este caso, tener una conversación con su familiar no resultaría tan fácil, ¿o sí? La diferencia entre ambos escenarios es la atención requerida para llevar a cabo la tarea. Si está preparando un platillo que conoce bien, puede prestarle atención a su familia. Pero si necesita poner toda su atención en la receta, sería muy difícil compartir su atención con cualquier otra cosa.

No se trata de una simple anécdota. Los estudios cerebrales han concluido que "el *multitasking*, cuando se requiere poner atención, es un mito".[1] Podemos tener la impresión de estar llevando a cabo múltiples tareas, sin embargo solo estamos llevando a cabo una tarea, cambiando nuestra atención a otra cosa, para después redirigir nuestra atención hacia la tarea original. Dichos cambios en la atención requieren de esfuerzos por parte de nuestro cerebro; por lo tanto, nos toma más tiempo llevar a cabo una tarea y cometemos más errores.

¿De qué manera aplica esta situación a los salones de clases dotados de dispositivos? Los estudiantes creen que pueden llevar a cabo múltiples tareas al mismo tiempo, pero en realidad no pueden. Creen

---
[1] John Medina, *Brain Rules* (Pear Press, 2014).

que pueden tener múltiples aplicaciones y pestañas del navegador abiertas y permanecer atentos al proyecto de clase. Pero cada vez que responden a la alerta de una conversación en línea, se ponen a jugar o realizan cambios a un video que están haciendo, desvían su atención de la tarea en la que deberían estar concentrados.

Muchos alumnos también argumentan que la música les ayuda a concentrarse en sus tareas en casa, pero la mayoría de los estudios no concuerdan con esta creencia. La música en sí no es mala y puede ayudar a ambientar un cierto periodo histórico que se esté estudiando o establecer un ambiente positivo en su salón de clases, sin embargo el escuchar música puede distraer a los estudiantes al llevar a cabo una tarea de aprendizaje. Debido a que parece que las letras de las canciones son las responsables de apartar la atención de los alumnos de sus tareas, si los estudiantes quieren experimentar el escuchar música mientras se concentran en algo, aliéntelos a escuchar música clásica y probar si encuentran alguna diferencia.

Tras haber entendido que el *multitasking* es un mito, consideremos la manera de ayudar a los estudiantes a hacer frente a sus propias distracciones. Platique con sus alumnos acerca de este mito y sobre lo fácil que resulta distraerse. Motívelos a ser reflexivos, objetivos y honestos acerca de sus tentativas de hacer *multitasking*, tanto en clase como en casa, y comparta sus propios retos sobre el *multitasking*. Por último, comparta con sus estudiantes los estudios sobre el *multitasking* y trabaje con ellos para minimizar las distracciones que roban su atención.

Administre las distracciones

La tecnología es una poderosa herramienta para el aprendizaje, la creatividad, la productividad y la comunicación. Pero aunado a este poder está un fuerte potencial de distracciones, a las cuales tanto maestros como alumnos deben hacer frente. La tecnología nos permite mantenernos conectados y llevar a cabo varias tareas de manera fácil, sin embargo también asegura la prevalencia de las distracciones. La capacidad de administrar dichas distracciones es una habilidad necesaria para los estudiantes al acercarse a la universidad y posteriormente al mundo laboral. ¿Cómo podemos apoyar y guiar a nuestros alumnos a mantenerse concentrados mientras utilizan estas poderosas herramientas?

INCITE A LOS ESTUDIANTES A AYUDARSE A SÍ MISMOS

Lo más valioso que puede hacer un maestro es empoderar a sus alumnos para mantenerse concentrados. Discuta abiertamente la distracción digital en la escuela y pídale a sus alumnos que colaboren para encontrar estrategias que puedan utilizar para ayudarse a sí mismos. Dichas estrategias pueden incluir algunas reglas que los alumnos formulen para sí mismos, por ejemplo *Solamente puedo jugar mi juego de computadora favorito después de haber terminado mi tarea y de haber ejercitado durante 30 minutos*. Otras estrategias podrían incluir herramientas digitales que limiten el acceso de los alumnos a ciertas páginas web después de un cierto tiempo. Ya sea que se valga de estrategias digitales o no, haga que los estudiantes prueben diferentes soluciones y que reporten su experiencia después de cierto tiempo. A cada alumno le funcionan diferentes estrategias y resulta mucho más probable que se minimicen las distracciones si los estudiantes eligen las soluciones en vez de que les sean impuestas por sus padres o maestros.

CIERRE APLICACIONES Y PESTAÑAS INNECESARIAS

Debido a que resulta difícil para los estudiantes el ignorar distractores como las pestañas emergentes de conversaciones en línea o los juegos abiertos en la pantalla, deles sesenta segundos al inicio de clase para cerrar todas las aplicaciones y pestañas abiertas en sus dispositivos, excepto por las necesarias para la clase. Esto le permitirá emplear más tiempo en el objetivo de aprendizaje en vez de emplearlo en disciplinar a un estudiante que se distrajo del mismo. Además, los estudiantes estarán aprendiendo un buen hábito que podrán aplicar de manera personal cuando necesiten concentrarse.

Desconectarse del Wi-Fi

Si la tarea de sus estudiantes no requiere Wi-Fi, pídales que lo apaguen en sus dispositivos. Esto limitará las interrupciones y les dificultará el checar sus correos o chatear. Pero, ¿podrían encenderlo de nuevo sin que usted se dé cuenta? Definitivamente y seguro que algunos lo harán, pero muchos de sus estudiantes apreciarán la formación de un comportamiento de concentración y podrían valerse de dicha estrategia individualmente cuando necesiten completar otras tareas.

Bloquée los dispositivos en una aplicación

Muchas configuraciones de laboratorios de computación utilizan software que le permite al maestro tomar control sobre los dispositivos de los alumnos y hasta pueden darle la habilidad de bloquear los dispositivos dentro de una aplicación o página web específica. El llevar a cabo dicho bloqueo ciertamente minimiza la distracción, sin embargo, también limita la autonomía de los estudiantes. Esta estrategia puede resultar apropiada dependiendo de la edad de sus alumnos y del grado de madurez de su programa 1:1, pero eventualmente será mejor permitirles a los alumnos una mayor autonomía para que tengan la oportunidad de desarrollar buenas habilidades como ciudadanos digitales.

Procure crear lecciones interesantes

Existen menos posibilidades de distracción si los estudiantes trabajan en proyectos que les representan un interés intelectual. Si están aburridos, resulta difícil poder culparlos al tomar un segundo para revisar su correo electrónico o su Facebook. Incluso los adultos más responsables y respetuosos pueden ser presas del aburrimiento. ¡Solo piense en la última reunión de la facultad a la que asistió!

Consejos y estrategias de enseñanza

Los capítulos anteriores expusieron procedimientos, procesos, reglas y expectativas que puede integrar dentro de su rutina diaria de clase. En este capítulo, le ofrecemos consejos y estrategias que podrá aplicar a su práctica como maestro al planear actividades enfocadas en el aprendizaje. Algunas de estas estrategias pueden volverse procedimientos cotidianos dentro de su clase, mientras que otras pueden resultar útiles para una actividad en particular. De cualquier forma, esperamos que estos consejos le ayuden a manejar su clase para maximizar el aprendizaje.

Acomodo del salón

Los maestros efectivos acomodan su salón para maximizar el aprendizaje, cambiando el arreglo en base al tipo de actividad pedagógica asignada. Mientras explica un nuevo procedimiento y necesita que todos los alumnos lo miren de frente, el mejor acomodo para los escritorios será en líneas y columnas. Para otros tipos de tareas, pueden utilizarse diferentes acomodos para los escritorios.

La movilidad del maestro es otro aspecto que debe tomarse en cuenta al pensar en el acomodo del salón. La mayoría de los maestros aprenden sobre el poder de la proximidad durante su entrenamiento profesional y comprenden que entre más cerca se encuentren de un estudiante, menores serán las posibilidades de que este se distraiga de su trabajo. Debido a que los profesores necesitan poder asistir a cada alumno, usted querrá asegurarse de que cualquier arreglo del salón de clases cuente con una ruta clara y corta hacia todos los estudiantes.

El tercer elemento a considerar cuando acomode su salón de clases es la forma de monitorear el comportamiento de los alumnos durante una tarea. Antes de la aparición de los dispositivos, el profesor podía revisar rápidamente desde adelante del salón para darse una buena idea de cuántos estudiantes estaban trabajando. Sin embargo, en una clase 1:1 existe mayor incertidumbre. Hoy en día, los maestros deben arreglar el salón de tal forma que puedan monitorear todas las pantallas, permitiendo que se maximice la productividad.

> Los maestros deben arreglar el salón de tal forma que puedan monitorear todas las pantallas, permitiendo que se maximice la productividad.

A continuación se expone una serie de diseños populares para el salón de clases:

El maestro en frente

Cuando necesita comunicar instrucciones directas o información específica a los alumnos, el arreglo ideal para su salón de clases será con usted al frente. Este arreglo funciona bien en pequeñas dosis, así que usted podrá moverse de adelante a atrás del salón cuando su plan de clase cambie de la instrucción directa a la práctica. El arreglo con el profesor en frente requerirá seguramente que todos los alumnos cierren sus dispositivos para evitar que el maestro tenga que luchar constantemente para captar la atención.

EL MAESTRO EN EL CENTRO

Los maestros podrían preferir colocarse en el centro del salón, con los estudiantes mirado hacia afuera del círculo, alineados como los rayos de una rueda de bicicleta. Dicho arreglo es popular para momentos en que los estudiantes trabajan de forma independiente y resulta particularmente útil cuando el maestro necesita hablar individualmente con ellos. Este arreglo también le permite al profesor echarle un vistazo a las pantallas de sus alumnos. Además, las conductas fuera del trabajo en clase se ven reducidas debido a que los estudiantes le dan la espalda al maestro y por lo tanto no saben si su atención está centrada en ellos.

EL MAESTRO ATRÁS

El colocar al maestro en la parte anterior del salón, con los escritorios acomodados en filas y columnas resulta igualmente beneficioso para fines de monitoreo y es particularmente útil cuando se cambia varias veces entre la instrucción directa y el trabajo independiente durante la misma clase. El maestro simplemente se desplaza hacia adelante para dar instrucciones y hacia atrás en los momentos de práctica para los alumnos.

GRUPOS Y PAREJAS

El acomodo en parejas o pequeños grupos esparcidos por el área del salón funciona de maravilla para actividades de creación conjunta, debate, solución de problemas en equipo y cualquier otro tipo de colaboración entre alumnos. Si decide separarlos en parejas, todos viendo hacia la misma dirección, el maestro podrá dirigirse hacia la parte anterior del salón para monitorear las pantallas. Los grupos de tres o cuatro requerirán que los estudiantes miren en direcciones diferentes, por lo que el profesor deberá permanecer en constante movimiento alrededor del salón para revisar las pantallas. Un truco que podría intentar es limitar el número de dispositivos a uno por cada pareja de alumnos, lo cual potencialmente podría aumentar la comunicación, la cooperación y la buena conducta al momento de trabajar, debido a que los alumnos no podrán desviar su atención a sus propias pantallas.

Alumnos sentados al azar

Cada vez más salones están siendo diseñados y equipados con mobiliario más flexible lo cual permite una serie de diferentes acomodos de clase. Actualmente se encuentran disponibles varios artículos que permiten diferentes acomodos del salón de clases sin sacrificar el confort individual de cada estudiante: escritorios y mesas que pueden separarse para el trabajo individual o juntarse para trabajos en equipo, escritorios con altura ajustable que le permiten a los alumnos pararse y cojines o sacos de frijoles para que puedan extenderse sobre el piso. Es común permitirles a los estudiantes escoger el lugar en donde quieren sentarse (o permanecer parados) durante el tiempo de trabajo independiente. Dicho ambiente les otorga una enorme flexibilidad, sin embargo los maestros siempre deberán considerar la forma de monitorear la conducta de trabajo. Si todos los alumnos deciden migrar hacia áreas del salón en las que las pantallas no están a la vista del maestro (ej. sentados con la espalda hacia la pared), podrá reconsiderar la utilización de dicho arreglo al azar.

Escritorios fijos

En algunos salones de clases el mobiliario resulta difícil o imposible de mover. En un laboratorio, por ejemplo, las bancas largas seguramente no podrán ser movidas. Si usted se encuentra en una situación similar, seguramente se estará preguntando acerca de un acomodo que propicie el aprendizaje con dispositivos. Debido a la falta de flexibilidad en comparación a otros salones de clases, posiblemente necesitará ser creativo. Acepte que no puede intentar todas las opciones que enlistamos anteriormente y concéntrese en los elementos que sí puede controlar.

El maestro en su escritorio

El acomodo con el "maestro en su escritorio" funciona de maravilla, ¡en especial cuando los alumnos no están en clase! La enseñanza moderna es activa y requiere que el maestro salga de detrás de su escritorio y se involucre con los estudiantes. Su papel es cambiar continuamente entre los modelos del "experto de los contenidos" y del "guía acompañante". La enseñanza moderna requiere de la actividad y la movilidad del maestro y de su habilidad de monitoreo continuo de la comunicación y la colaboración que suceden en el salón de clases. Si un profesor permanece detrás de su escritorio, estará demasiado lejos de la mayoría de los estudiantes para observar, llamar la atención, redirigir, hacer preguntas, guiar, recordar, incitar o retar a los alumnos. ¡Si esto le parece molesto, le pido una disculpa y le recomiendo ir a comprar un par de zapatos cómodos!

Asignación de lugares

¿Es el maestro quien debe asignar los lugares o debería dejar que los alumnos escojan? Muchos maestros principiantes tienen que lidiar con esta pregunta y existe un amplio espectro práctico, desde los profesores que siempre asignan los lugares hasta aquellos que nunca lo hacen. Eventualmente encontrará el sistema que mejor le funcione, pero por el momento le presentamos algunos puntos a considerar:

El acomodo le gana a la asignación de lugares

Debido a que el acomodo del salón puede adaptarse a las tareas específicas de clase para maximizar el aprendizaje, el arreglo del salón es más importante que la asignación individual de lugares.

Asigne lugares desde el primer día

El hecho de asignar los lugares durante el primer día de clases le ahorra tiempo y puede tener un efecto tranquilizante sobre los alumnos. Se elimina así uno de los muchos "misterios" de aquel primer día y puede reducir la ansiedad de aquellos estudiantes que sufren de estrés al elegir un lugar (al igual que su lugar dentro de un grupo social). El profesor podrá cambiar al modo de lugares no asignados una vez que los procedimientos sean conocidos por todos y que los alumnos hayan construido lazos más fuertes.

Haciendo equipos de estudiantes

Hacer parejas entre estudiantes de alto desempeño y estudiantes que podrían necesitar cierta guía se emplea a menudo para determinar la asignación de lugares. En un salón de clases dotado de tecnología, el maestro podría juntar a un "gurú de la tecnología" con otro estudiante menos diestro en este sentido para reforzar el desarrollo de las habilidades de este último. Dicha estrategia también puede resultar eficiente en el caso de un nuevo estudiante que se une a la clase a mediados del año escolar. Un gurú de la tecnología como pareja de un nuevo estudiante puede ayudar a este último a ganar velocidad dentro de los procesos tecnológicos básicos de la clase.

Sea organizado

La mayoría de las tecnologías están hechas para facilitarnos la vida y hacernos más eficientes, sin embargo, la variedad de opciones que nos ofrecen a veces puede complicar las cosas; por lo tanto, la organización en el aula resulta más importante que nunca. Tanto los maestros como los alumnos deberían concentrarse en el aprendizaje y no en tratar de descifrar las cosas o encontrar información. Hemos sugerido varias estrategias para crear secuencias de trabajo y para la organización general. Utilice los elementos que mejor le funcionen para crear secuencias de trabajo consistentes para administrar y utilizar los dispositivos en su clase y para comunicarles a los estudiantes dichas expectativas y procesos. Ellos le agradecerán el haberles facilitado la tarea de concentrarse en aprender los contenidos.

ESTÉ LISTO AL INICIO DE CLASE

Tenga listos todos los elementos tecnológicos necesarios para las próximas lecciones antes del inicio de clase. Repase mentalmente su lección, abra una nueva pestaña para cada página web que necesite y tenga abierto cualquier archivo o aplicación necesaria. Tal como prepara el material físico para una lección, también deberá preparar el material digital. Una de las estrategias que utilizamos al planear nuestras lecciones de clase es guardar todas las pestañas necesarias como favoritos. A la hora de enseñar la lección, podemos abrir todos los favoritos en una ventana y estamos listos para empezar.

Personalice el aprendizaje

Una clase con dispositivos 1:1 les ofrece a sus estudiantes una increíble oportunidad para personalizar su aprendizaje de formas que no habían sido posibles hasta ahora. Debido a que no todos los alumnos necesitan hacer exactamente la misma tarea al mismo tiempo, usted podrá diseñar tareas de clase que se adapten a los niveles de cada estudiante. Si piensa que esto suena aterrador, tranquilo, no está solo. Aquellos profesores que han adoptado el aprendizaje personalizado dicen que sienten haber perdido el control. Pero nosotros creemos que de hecho han liberado a sus estudiantes para aprender de la manera en que deben hacerlo y como resultado han permitido que tomen el control sobre su propio aprendizaje.

Existen diferentes formas de implementar esta estrategia en su salón de clases. Probablemente la forma más familiar podría ser la utilización del dispositivo para demostrar diferentes formas de aprender una habilidad básica. Por ejemplo, si a algunos estudiantes les está costando trabajo comprender un nuevo concepto matemático, puede buscar una aplicación o página web para ayudarle a desarrollar dicho concepto. Otros alumnos podrán reforzar su conocimiento a través de diferentes actividades con otras aplicaciones.

Del otro lado del espectro se encuentra una experiencia de aprendizaje completamente personalizada, en la que los alumnos deciden qué es lo que quieren estudiar, cómo lo quieren estudiar y la forma en la que reportan lo aprendido. La tecnología le permite a cada alumno seleccionar el método de aprendizaje que mejor le convenga.

Cualquiera que sea su elección en relación al aprendizaje personalizado, recuerde que los dispositivos le darán a usted y sus alumnos acceso a los recursos de manera fácil y poderosa. Este hecho puede moldear significativamente la apariencia de su salón.

Cree lecciones interesantes

¿Alguna vez ha experimentado el sentimiento de perder la noción del tiempo al estar absorto en una tarea? El psicólogo Mihaly Csikszentmihalyi (pronunciado Mi-jai Chic-sent-mi-jai) le llama a este fenómeno "flujo" y lo define como "un estado en el que las personas están tan inmersas en una actividad, que nada más parece tener importancia; existe tal disfrute en la experiencia, que las personas desearán continuar haciéndolo a cualquier costo, por el simple placer de hacerlo"[1]. Cuando los alumnos tienen un sentimiento de flujo durante sus actividades de clase, las malas conductas no son un problema. Por lo

---

[1] Mihaly Csikszentmihalyi, *Flow* (Harper &Row, 1990).

tanto, creemos que la mejor estrategia para minimizar las faltas de conducta en un salón de clases equipado con dispositivos, o en cualquier otro tipo de salón, es hacer cada actividad tan interesante como le sea posible. Cuando los alumnos están inmersos en sus actividades, no se portan mal. De todas las estrategias compartidas en este libro, esta es la más importante.

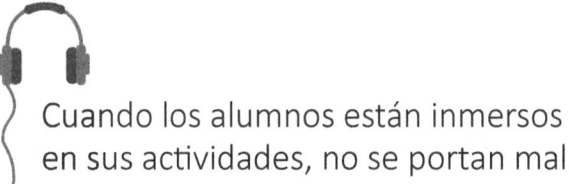

Cuando los alumnos están inmersos en sus actividades, no se portan mal.

APUNTE HACIA LAS DIMENSIONES MÁS ALTAS DEL PENSAMIENTO

Una forma de lograr esto es haciendo que los alumnos utilicen la tecnología para tareas de alto rango (Taxonomía de Bloom). Formule preguntas que sus estudiantes no puedan resolver con una simple búsqueda en Google; haga preguntas que requieran que los alumnos analicen, evalúen y creen. Y mejor aún, enséñeles a formular preguntas por sí mismos que requieran de dichas habilidades.

UTILICE LA TECNOLOGÍA PARA CREAR

Otra forma de mantener interesados a los estudiantes es alentándolos a crear. La tecnología es una poderosa herramienta para los creadores, facilitando más que nunca la creación de podcasts, música, gráficos, diseño de revistas, posters, películas, etc. Lo que solía ser el campo de acción de los profesionales, hoy está a la mano de los educadores y sus estudiantes. Busque el valor para animar a sus alumnos a escribir ensayos de más de cinco párrafos. Utilice la infinidad de posibilidades creativas que le brindan los dispositivos digitales de su salón de clases para cautivarlos.

Permita que los estudiantes exploren

En su libro *Brain Rules* (Las Reglas del Cerebro), el Dr. John Medina afirma que "somos poderosos exploradores por naturaleza". La tecnología nos abre las puertas a un nuevo nivel de elementos por explorar. Permita a sus alumnos explorar nuevos *softwares*, nuevas ideas y nuevas formas de hacer las cosas. Permita que le enseñen lo que han descubierto.

No sea aburrido

La creación de lecciones interesantes mediante la tecnología puede asegurarle que sus alumnos no se aburrirán. Medina también menciona que "No le ponemos atención a las cosas aburridas". Por lo contrario, cuando ponemos atención, nos permitimos aprender. De acuerdo con Medina, la mejor forma de conseguir y conservar la atención de nuestros estudiantes es mediante el uso de "mensajes que atrapan nuestra atención" y que "están relacionados con la memoria, intereses y la conciencia".

Permita que sus alumnos elijan

Otra forma de reducir las problemáticas del manejo de clase en relación a la tecnología es darles a los alumnos cierta libertad de elección en su uso de la misma. Al elegir, los estudiantes pueden vincular experiencias y memorias previas. Una forma de poner la elección en manos de los alumnos es permitiéndoles elegir las herramientas, por ejemplo una aplicación u otro software que hayan utilizado anteriormente con éxito. Otra forma de decisión es la forma en la que demuestran lo aprendido; los estudiantes podrían elegir entre hacer un video o dar una plática, por ejemplo.

Conecte con sus intereses personales

En la medida de lo posible, intente vincular las actividades de clase con los intereses de los alumnos. Ellos pondrán atención cuando el tema involucre algo que sea de su interés. Muchos educadores están incorporando "20% del tiempo" (también llamado "tiempo de pasiones" o "hora de la genialidad"), una porción del tiempo de clase dedicado a los intereses y a las pasiones de los alumnos. Pero no es necesario formalizar las cosas hasta ese punto. Piense en formas de alcanzar los estándares de aprendizaje de su clase mientras les permite a sus alumnos la libertad para explorar sus intereses. Puede que así sus estudiantes se vean más involucrados.

Resolver preguntas sobre tecnología

En los salones de clases a nivel mundial, el papel del profesor consiste en cambiar continuamente entre experto de los contenidos y facilitador de las experiencias de aprendizaje. El bombardeo de información y el creciente acceso a la misma a través del internet, hace dicho cambio de papeles más pertinente que nunca. Resulta tan absurdo pensar que un maestro puede conocer toda la información contenida dentro de un libro de texto como esperar que conozca el funcionamiento de todas las aplicaciones o el software contenido en el dispositivo de un alumno. Sin embargo muchos maestros sienten una sensación de pánico cuando los alumnos les plantean preguntas relacionadas con tecnología y algunos sienten que no están preparados para la tarea si no logran responder. Esto es completamente falso. Un maestro experto, sin habilidad tecnológica alguna, puede seguir siendo un experto en un salón de clases conectado, si se adhiere a los siguientes consejos:

Conozca su papel

Usted debe recordar que, como maestro, su papel consiste en ayudar a los estudiantes a aprender, a pensar crítica y creativamente y a solucionar problemas. Su objetivo primordial es que los estudiantes puedan ser funcionales sin usted. Si usted enseña matemáticas, su objetivo no será resolver ecuaciones, sino ayudarles a los alumnos a resolver las ecuaciones por su cuenta. Lo mismo aplica para las preguntas sobre tecnología en el salón de clases. No debería tratar de responderles todas sus preguntas en relación a la tecnología; debería ayudarles a resolver dichas dudas por sí mismos. La forma más sencilla de sentirse cómodo con esta idea es diciéndoles a los alumnos que usted es un maestro, no un experto en tecnología. Hágales saber que usted está ahí para ayudarles a aprender a resolver problemas por ellos mismos y no para darles las respuestas.

A pesar de no tener que ser un experto en tecnología, tampoco debería ser su oponente. Una frase que se escucha comúnmente en los salones de clases y en las reuniones de personal escolar cuando algo sale mal en relación con la tecnología es "simplemente no soy una persona tecnológica". Evite a toda costa esta frase, ya que envía un mensaje muy negativo a los demás maestros y a los estudiantes. En ella está implícito el mensaje de que está bien darse por vencido y que algunas personas no pueden aprender cosas nuevas o entender la tecnología. Hoy en día todos somos personas tecnológicas por el simple hecho de tener que valernos de las herramientas modernas. No necesitamos ser programadores de computadoras, simplemente necesitamos tener la actitud correcta al aprender cosas nuevas. Una manera más productiva de manejar una falla o una frustración tecnológica en clase es pidiéndole ayuda a sus alumnos. Al hacerlo estará modelando el tipo de actitud positiva acerca del aprendizaje de cosas nuevas que usted espera de ellos.

Apoye y guíe

Una vez que se haya permitido no conocer todas las respuestas, la tarea de apoyar y guiar a sus alumnos para que resuelvan sus propios problemas se volverá más fácil. Usted ha sido entrenado para cuestionar, parafrasear y resumir. Los maestros expertos logran, de manera natural, ayudar a sus alumnos a salir de los obstáculos. Pregúnteles qué han intentado, qué es lo que tratarían a continuación, a quién más le podrían preguntar y qué términos de búsqueda han utilizado. El simple hecho de plantearles preguntas y lograr que los estudiantes piensen de manera crítica, podrá encaminarlos en la dirección correcta, desarrollando al mismo tiempo solucionadores de problemas resilientes.

Permita a los estudiantes ser los "tecno-expertos"

El decirles a los alumnos que usted no es un experto en tecnología crea un vacío que muchos estudiantes estarán dispuestos a llenar. Estos "tecno-expertos" no serán difíciles de encontrar y probablemente ya han sido reconocidos por sus propios compañeros. Su tarea es empoderarlos y honrar sus conocimientos. Un poco de reconocimiento puede lograr mucho y al reconocer a sus tecnoexpertos, podrá desarrollar un equipo de estudiantes listos y dispuestos a abordar mayores retos tecnológicos cuando estos surjan.

Busque a sus tecnoexpertos en el salón

Si por alguna razón los tecnoexpertos no son fácilmente reconocibles en su clase, un simple sondeo de los estudiantes le permitirá identificar de manera rápida una red de apoyo para nuevos proyectos, software o aplicaciones que vaya a introducir por primera vez. Puede pedirles a los alumnos crear un podcast usando GarageBand o pedirles que respondan a las siguientes preguntas levantando la mano:

- ¿Cuántos de entre ustedes han utilizado GarageBand hoy?
- ¿Cuántos se consideran expertos en GarageBand y estarían dispuestos a apoyar a aquellos que se encuentren con dificultades técnicas?

Pídales a sus estudiantes que volteen alrededor del salón de clases para saber quién puede ayudar. Claro que usted podrá plantear preguntas adicionales, pero estas le permitirán medir el grado de experiencia previa e identificar a los alumnos con más conocimiento al respecto.

Otra forma de identificar a sus tecnoexpertos es publicando una lista de todos los estudiantes que hayan demostrado cierto grado de experiencia. Puede publicarlo dentro del salón de clases, de forma digital en la página web de la clase o en su LMS y puede cambiar de un proyecto al otro dependiendo de las herramientas utilizadas. Algunos alumnos pueden resultar tecnoexpertos en la creación de videos mientras otros pueden conocer tan solo el uso básico del dispositivo. Publique varias listas y después dirija a los estudiantes para que refieran sus dudas a los tecnoexpertos de la lista.

Repita el mantra "pregúntale a tres antes que a mí"

Si sigue los consejos antes listados, se acercara a la meta de una atmósfera de apoyo que lleva al aprendizaje. "Pregúntale a tres antes que a mí", publíquelo en un lugar visible para todos. Pregúntale a tres antes que a mí implica que el alumno le pregunte a tres fuentes (Google, YouTube y un compañero) para ayudarle antes de pedirle ayuda a usted. Es muy probable que la respuesta se pueda encontrar a través de una búsqueda en Internet y posiblemente también un video de YouTube con explicaciones paso a paso. Si no, quizás un compañero pueda ayudar. Una de las mejores técnicas que podemos aplicar es darles a los alumnos la responsabilidad y la oportunidad de resolver problemas auténticos. La adopción del mantra "pregúntale a tres antes que a mí" le da a los estudiantes verdaderas oportunidades de aprendizaje y reitera el principio de que el maestro no es un experto en tecnología. Para cuando un alumno viene a usted con una pregunta, debería poder describir todo lo que ya intentó. Es entonces que puede pasar al papel

> Una de las mejores técnicas que podemos aplicar es darles a los alumnos la responsabilidad y la oportunidad de resolver problemas auténticos.

de "apoyo y guía" previamente descrito, y ayudarle a desarrollar una nueva estrategia para resolver su duda.

Fomente la organización

Es tan importante darle tiempo a los estudiantes de prepararse para empezar a aprender como lo es darles tiempo al final de la clase para llevar a cabo la transición hacia la siguiente actividad. Al tomar en cuenta el tiempo necesario para cerrar las laptops, guardarlas correctamente dentro de su estuche, cerrarlo, colocar el equipo en el lugar designado y asegurarse de que se estén cargando, estará creando buenos hábitos en los alumnos. Eventualmente necesitarán menos tiempo de preparación para la transición y lo harán parte de su rutina.

Administración de proyectos

Cuando el maestro asigna proyectos mayores, ya sean relacionados con la tecnología o no, algunos estudiantes podrían tener problemas con las habilidades organizacionales y de establecimiento de metas necesarias para completarlos exitosamente. Los maestros más efectivos han promovido el desarrollo de dichas habilidades mucho antes de la introducción de los dispositivos a nuestras clases y con la llegada de la tecnología, dicha promoción es igual de necesaria. Los estudiantes requieren el apoyo necesario para entender exactamente lo que van a hacer y para proponerse metas alcanzables.

Tenga expectativas claras

El plantear expectativas claras sobre los elementos necesarios para una tarea resulta particularmente importante al asignar un proyecto tecnológico; por ejemplo, si quiere que los alumnos ejerciten sus habilidades de producción de videos, en vez de solo decirles "hagan un video de lo que aprendieron", puede dar muchos más detalles. Al no entender completamente las expectativas, los alumnos podrían filmar un video de 10 minutos—demasiado largo. Deles un límite de tiempo e insista en que realicen un guión antes de empezar a filmar para asegurarse que sus ideas puedan lograrse en el tiempo designado.

Ayude a sus alumnos a establecer metas realistas

Cuando los estudiantes comienzan un proyecto tecnológico, a menudo su visión de lo que pueden lograr en el tiempo dado es irrealista. Si se les dan noventa minutos para crear algo, por ejemplo, podrían escoger un tema que les tomaría semanas completar. Ayúdelos a establecer metas realistas respecto a lo que pueden lograr en esos 90 minutos. Tanto usted como sus alumnos evitarán decepciones y ellos aprenderán a establecer sus propias metas para futuros proyectos.

Asignación de roles

La asignación de roles a los estudiantes al realizar trabajos o proyectos es una estrategia popular entre varios maestros y también puede funcionar bien con el uso de dispositivos. Si la tarea en la que están trabajando sus alumnos no requiere que cada uno tenga un dispositivo, asigne el uso del dispositivo a uno de ellos mientras los demás asumen papeles diferentes. En el caso de grabar un experimento de ciencias, uno de los alumnos podría grabar lo que sucede, mientras el otro puede compartir el video con el resto. Si se necesita hacer un reporte escrito de un debate grupal, uno de ellos puede ser el anotador. Si están llevando a cabo una actividad que requiera interacción en línea, podría resultar buena idea asignar un solo dispositivo para dos alumnos para fomentar la comunicación durante la actividad. Otra variante de esta estrategia es asignar múltiples papeles tecnológicos dentro del mismo grupo; por ejemplo, un estudiante toma fotos mientras el otro anota observaciones. Evidentemente, esta estrategia depende en gran medida de la actividad a realizar. La clave está en analizar la tarea y pensar en los elementos necesarios. En algunos casos, una estrategia 2:1 o incluso 3:1 puede resultar mejor que 1:1.

Utilice un cronómetro para una tarea

La utilización de un cronómetro para mantener enfocados a los estudiantes en una tarea es una estrategia utilizada por algunos maestros desde mucho antes de la aparición de dispositivos en clase, pero hoy en día sigue siendo una estrategia probada, compatible con el uso de dispositivos, sobre todo en salones en los que el profesor planea varias actividades por clase. Los cronómetros ayudan tanto a los estudiantes como a los profesores a mantenerse concentrados en el trabajo y a prepararse para proceder a la siguiente cuando se acaba el tiempo designado para una actividad. Experimente con varias herramientas de cronómetro para saber cuál es la que mejor le acomoda. En una clase iOS, o si cuenta con un iPhone, puede utilizar a Siri para pedirle al iPhone o iPad, "activar el cronómetro y contar 5 minutos". También existen varios cronómetros en línea que pueden ser proyectados en la pantalla delante del salón. Si requiere utilizar la pantalla para proyectar otras instrucciones, timer-tab.com muestra el tiempo restante en una pestaña en la parte superior de la pantalla mientras usted abre una nueva pestaña.

No guíe a los alumnos a través de una larga serie de clics

Cuando las instrucciones para la utilización de un software incluyen una serie de pasos que los estudiantes tienen que seguir, no permita que intenten seguirlo clic por clic. *Esto no funciona.* Mantener un grupo de veinte en el mismo lugar mientras repasa una serie de clics es imposible. Algunos alumnos se perderán después de algunos clics y al tratar de ayudarlos a retomar el ritmo, otros se perderán. Pídales que cierren sus dispositivos y que lo observen llevar a cabo todos los pasos. Se dará cuenta de que por lo menos la mitad de los estudiantes podrán proceder de forma independiente y puede empoderarlos para que se apoyen entre ellos. Una vez que haya explicado el escenario general y que les haya mostrado los pasos individuales, también puede darles instrucciones escritas o un video para ser visto de forma individual. Esto le permitirá la libertad para moverse entre los alumnos y apoyar a aquellos que lo necesiten.

Desarrolle su sentido del humor

Puede estarse preguntando qué tiene que ver el sentido del humor con la tecnología, sin embargo, nosotros lo consideramos un elemento indispensable en un programa con dispositivos 1:1. Se encontrará con retos en su camino, tal como los hubiera encontrado antes de la era de los dispositivos—problemas técnicos, dudas sobre la utilización de una nueva herramienta, una lección fallida o problemas de disciplina. Creemos que la mejor forma de abordar dichos problemas es con un poco de flexibilidad, capacidad de perdón y un buen sentido del humor. Los errores siempre sucederán, pero un ambiente de clase apropiado les permitirá a todos aprender de ellos para poder continuar.

Fomente la colaboración en línea

Su clase con dispositivos 1:1 conecta a los estudiantes como nunca antes. Uno de los beneficios de esta amplia conexión es la habilidad de los alumnos para poder publicar sus propios trabajos en línea. A pesar de que pocos entres ellos podrán atención a los blogs y páginas web de otros estudiantes, es importante crear una atmósfera de cooperación y fomentar una "huella digital" positiva.

Aliente a sus alumnos a publicar tanto trabajos en proceso como aquellos terminados en diferentes espacios en línea para crear una presencia digital positiva y ahondar en el conocimiento de las formas de colaborar, crear, compartir y comunicarse en línea. A través de la publicación, los estudiantes estarán practicando para ser buenos ciudadanos digitales y desarrollar su entendimiento del comportamiento responsable en línea. El hecho de presentar su trabajo en línea les da a los alumnos una audiencia de la cual pueden aprender para seguir creciendo.

La publicación del trabajo de los estudiantes debería ser un componente clave para cualquier programa con dispositivos 1:1, sin embargo, deben ser conscientes de que una vez que la información se sube a Internet, nada puede impedir que esta sea replicada, compartida y distribuida sin su control—de forma inmediata y en el futuro. Además, los maestros deben hacer énfasis en que algunos datos como contraseñas o información personal nunca deben compartirse en línea. Considere crear lineamientos para la cooperación en línea de los estudiantes como aquellos que se presentan en la siguiente página y publíquelos en su salón.

Enseñe habilidades de investigación

La tecnología pone poderosas herramientas de investigación en nuestras manos, pero los estudiantes necesitan ser guiados para desarrollar habilidades de búsqueda, tal como necesitaron de nuestra guía para aprender a utilizar tarjetas bibliográficas o guías de referencia. No asuma que sabrán automáticamente cómo llevar a cabo búsquedas efectivas y eficientes solo porque saben buscar en Google. Enséñeles a investigar a partir de un modelo de investigación creado por usted o utilizando un modelo como Big6. Big6 es un "modelo de procesos que muestra la forma en que personas de todas las edades resuelven un problema relacionado a la información". Para mayor información, visite la página web de Big6 (http://big6.com/pages/about/big6skills-overview.php). Google también ofrece muchos recursos, incluyendo planes y actividades listas para utilizar, que ayudan a los alumnos a desarrollar mejores habilidades de búsqueda.

Pautas para los estudiantes sobre compartir en línea.

Compartir información en línea nos permite...
- Practicar la creación de trabajo para una audiencia más allá del salón de clases.
- Conectar y colaborar con compañeros y expertos globalmente.
- Archivar nuestro aprendizaje en un lugar y reflexionar sobre el crecimiento personal.
- Mostrar nuestra creatividad y compartir nuestras ideas

Lo que publicas en línea es permanente.

Use las siguientes pautas para decidir qué es apropiado publicar:

Piense antes de publicar. Hágase las siguientes preguntas:
- ¿Es esto algo que quiero que el mundo vea?
- ¿Compartir esto puede ofender a alguien?
- ¿Quisiera que esto representara mis habilidades?

Trate a otras personas de la manera que desea ser tratado. Hágase las siguientes preguntas:
- ¿Le diría esto a alguien en persona?
- ¿Cómo me sentiría si alguien me dijera esto?

No comparta información personal. Mantenga su apellido, dirección, número de teléfono y dirección de correo electrónico privados.

Cite adecuadamente los medios utilizados desde otra fuente. Pregúntese:
- ¿Quién es el creador original de este trabajo?
- ¿Tengo permiso para usar este trabajo?

FORMULE PREGUNTAS QUE NO SE RESUELVAN CON UNA SIMPLE BÚSQUEDA EN GOOGLE

Un ambiente de clase 1:1 puede significarle cambios en los tipos de preguntas planteadas a los alumnos y las tareas asignadas. Gracias a que sus estudiantes tienen en sus manos este increíble recurso—el Internet—, usted tiene la oportunidad de crear tareas y proyectos para sacarle el mayor provecho. Formule preguntas que no puedan ser resueltas con una simple búsqueda en Google. En vez de esto, formule preguntas que requieran búsquedas inteligentes en Google, que les permitan encontrar información para ser sintetizada en nuevos conocimientos. De igual manera, en vez de prohibir los dispositivos durante sus evaluaciones, explore la manera de crear evaluaciones que les permitan a los estudiantes el uso de dispositivos para demostrar sus conocimientos y su comprensión de un tema.

ESCOGER Y UTILIZAR HERRAMIENTAS

APRECIE LO ANÁLOGO

A pesar de que la tecnología puede mejorar los procesos de aprendizaje de muchas formas, los maestros no deben utilizarla por el simple hecho de emplear tecnología en sus clases. Por lo contrario, deben seguir apreciando lo análogo cuando resulte apropiado. ¿Resulta más fácil para los estudiantes hacer una lluvia de ideas en un pedazo de papel? Si es así, úselo. ¿Los alumnos deberían grabarse durante el reporte de lectura de un libro si tienen la posibilidad de compartir su reporte con otros compañeros durante la clase? La respuesta depende del resultado que usted busque. Si resulta importante compartir el reporte del libro con una comunidad escolar más amplia, los alumnos deberían hacer uso de la tecnología. Pero si el objetivo es simplemente hacer que los estudiantes hablen sobre libros entre ellos, quizá el compartir con una sola persona en el salón de clases sea suficiente. Piense en el objetivo de aprendizaje y utilice las herramientas—análogas o digitales—para lograrlo.

Considere lo siguiente para decidir entre utilizar una herramienta análoga o digital en el salón de clases:

1. ***Eficiencia:*** ¿Qué herramienta resulta más eficiente en tiempos?
2. ***Impacto del Aprendizaje:*** ¿El uso de tecnología tiene un mayor impacto en el aprendizaje?
3. ***Transferibilidad:*** ¿Aprender sobre una nueva tecnología les dará a los estudiantes habilidades que utilizarán en el futuro?

Toma de notas

Es interesante analizar la toma de notas en un contexto de digital vs. análogo, tomando en cuenta los siguientes factores: Primero, a pesar de que la toma de notas no se utiliza a menudo durante la primaria, tiene mayor cabida en secundaria y preparatoria. Segundo, como con toda estrategia pedagógica, el uso o la dependencia excesiva de una estrategia puede disminuir los resultados y aburrir a los estudiantes.

Existen momentos propicios para la toma de notas. Un maestro podría pedirles a sus alumnos leer un capítulo de un libro de texto sobre ciencias y tomar notas como parte de la tarea para casa. O podría pedirles que tomen notas al hablar de un tema de ciencias sociales. Pero, ¿deberían usar un método de toma de notas digital o análogo? Consideremos las siguientes opciones:

1. *Análogo*—Los estudiantes utilizan papel y lápiz para tomar notas de forma individual.
2. *Digital*—Los estudiantes colaboran tomando notas de forma grupal usando Google Docs.
3. *Digital*—Los estudiantes colaboran haciendo un mapa mental con MindMeister.

El cuadro que se muestra en la página siguiente le ayudará a comprender estas opciones análogas y digitales en términos de eficiencia, impacto del aprendizaje y transferibilidad.

El tomarse el tiempo para evaluar las opciones digitales y análogas es una responsabilidad para los maestros del siglo XXI. Para escoger la herramienta adecuada se deben tomar en cuenta muchas variables, ya que estos tres métodos de toma de notas son valiosos para los estudiantes.

Comparta el propósito de las tareas

Al considerar las diversas herramientas tecnológicas y los tipos de proyectos que los alumnos pueden realizar con ellas, asegúrese de compartirles la razón por la cual eligió una herramienta en particular. Si les pide a los estudiantes crear un video con *stop-motion* que demuestre un proceso científico, uno de los objetivos de aprendizaje es el proceso científico en sí. Otro objetivo de aprendizaje podría ser el desarrollo de habilidades de creación de videos, ya que esta forma de comunicación es importante en el siglo XXI. Comparta esta visión con sus alumnos, así como cualquier otro objetivo de aprendizaje. En el ejemplo del video de ciencias, si únicamente toma en cuenta el contenido científico, podría ahorrarse tiempo seleccionando un medio diferente para que los estudiantes demuestren lo aprendido; sin embargo, si considera que la creación de videos es importante, incluya una pequeña parte del proceso de creación de videos en su evaluación del proyecto.

Asigne una herramienta para desarrollar habilidades

Existen muchas herramientas disponibles para que los alumnos demuestren sus conocimientos. Puede elegir asignarles una herramienta; por ejemplo, asignar el uso de Apple Pages para que diseñen un poster. Podría elegir dicha herramienta porque se trata de la primera vez que la utilizan y quiere asegurarse que todos los alumnos desarrollen cierto grado de dominio de la misma. Para el siguiente proyecto, podría elegir otra herramienta para aprender. En un futuro, los alumnos podrán escoger de entre una serie de herramientas con la cuales ya están familiarizados.

Permita que los alumnos escojan la mejor herramienta

Un aspecto negativo de que el maestro escoja las herramientas utilizadas por los alumnos es que su creatividad y libertad se ven limitadas. El darles la elección sobre la herramienta que crean que mejor demuestra su aprendizaje les permite escoger aquella que les resulta más familiar. También pueden escoger una herramienta que les gustaría conocer más a fondo. Esta libertad de elección les da a los alumnos un sentido de independencia, les ayuda a aumentar sus conocimientos en tecnología y les permite demostrar su aprendizaje de una forma creativa que les haga sentido.

Permita a los alumnos descubrir los detalles

Antes, los profesores sentían que tenían que conocer todo sobre una herramienta antes de emplearla con sus alumnos. Hoy en día, dada la variedad de herramientas tecnológicas disponibles, esto simplemente no es un escenario realista. Si esperamos a ser expertos en todo antes de emplearlo con los estudiantes, le estaríamos quitando la oportunidad de aprender nuevas habilidades y de enseñarse a sí mismos al encontrarse con obstáculos. [Refiérase a la sección "Pregúntale a 3 Antes Que a Mí"].

Antes de asignarles a los estudiantes una herramienta, usted debería familiarizarse con ella. Tendrá que entender su propósito y saber si es una buena elección en relación al objetivo de aprendizaje. Pruebe llevar a cabo usted mismo la actividad que está planeando para sus alumnos para darse una idea de cuánto tiempo es necesario para completarla. Sin embargo, no es necesario que conozca todos los aspectos de la herramienta; los alumnos pueden descubrir los detalles.

Esto les dará experiencia al enseñarse a sí mismos y resolver problemas —herramientas importantes en el siglo XXI— y empoderarlos para que ayuden a los demás a aprender.

Haga pruebas en el dispositivo de un estudiante

Antes de que los alumnos empiecen a utilizar una herramienta, asegúrese de que es compatible con sus dispositivos. No solo lo pruebe en su propio dispositivo y asuma que funcionará en los de los estudiantes. A menudo, los dispositivos de los alumnos tienen diferentes configuraciones, derechos de acceso o incluso diferentes sistemas operativos, por lo que una herramienta que funciona en su dispositivo puede no hacerlo en los de los estudiantes. Si planea sus clases con suficiente anticipación, podría pedirle a un alumno que haya terminado una tarea antes que los demás que haga una prueba de compatibilidad con su dispositivo para la actividad del día siguiente.

	Análogo	Digital	
	Notas individuales usando papel y lápiz	*Notas grupales usando Google Docs*	*Mapa mental usando MindMeister*
Eficiencia	Tomar notas a mano resulta rápido, pero muchos alumnos pueden escribir más rápido en el teclado.	Es relativamente fácil empezar a utilizarlo. Además, los estudiantes captarán más información conforme vayan avanzando.	Debido a que la creación de mapas mentales resulta menos familiar y podría requerir que los alumnos aprendan a usar un nuevo software, puede tomar más tiempo empezar.

	Análogo	Digital	
	Notas individuales usando papel y lápiz	Notas grupales usando Google Docs	Mapa mental usando MindMeister
Impacto del Aprendizaje	Mucha gente argumenta que el tomar notas a mano ayuda a un mejor entendimiento que el teclear. Además, sin dispositivos existen menos distractores.	Todos los estudiantes tendrán los mismos apuntes y por lo tanto acceso a la misma información. Posiblemente, los apuntes serán más precisos de lo que serían en papel y podrían incluir vínculos para información adicional en Internet.	Los mapas de conceptos pueden mostrar de forma visual las conexiones y agrupamientos de ideas mejor que los apuntes lineares. Además, los estudiantes utilizan habilidades de pensamiento de mayor rango para crear mapas.
Transferibilidad	Las personas continuarán escribiendo en papel en el futuro y esta habilidad aún se practica en las escuelas.	La documentación digital de la información (incluyendo el uso de hipervínculos, videos e imágenes) y la creación colaborativa de significado en un espacio en línea son habilidades que los estudiantes utilizarán en el futuro.	La creación de conexiones entre temas y la representación visual de dichas ideas son habilidades contemporáneas que también les permiten a los alumnos pensar en los elementos de diseño — otra habilidad útil para su futuro.

Haciendo equipo con los padres de familia

EL ESTABLECER UNA COMUNICACIÓN FRECUENTE CON LOS PADRES DE FAMILIA DE SUS ESTUDIANTES AYUDA A FORMAR UN EQUIPO basado en el objetivo común del éxito de los alumnos. La mayoría de los padres de familia no aprendieron en un salón de clase con dispositivos digitales, por lo que puede parecerles difícil comprender un salón de clases moderno. También pueden tener la idea equivocada sobre cómo y por qué utilizamos dispositivos en clase. Una creencia común es que los alumnos siempre tendrán los dispositivos frente a ellos. Los maestros eficientes utilizan experiencias digitales y análogas balanceadas para sus alumnos, pero es de esperarse que los padres de familia tengan ideas erróneas al respecto debido a que no han experimentado salones digitales en acción. De ahí la necesidad de los educadores de enfocarse en la comunicación con los padres de familia. Dicha comunicación positiva puede ofrecerles a los padres una mirada al valor de la utilización de dispositivos digitales en clase. Esto también crea un entendimiento común para entablar conversaciones en caso de que los estudiantes incumplan las reglas de clase relativas al uso responsable de las herramientas digitales.

Herramientas de comunicación

Boletín informativo

Los maestros de primaria han utilizado de manera histórica boletines informativos semanales o mensuales para comunicar las unidades de estudio actuales, información relativa a programas especiales, fechas feriadas, aprendizaje y las actividades programadas para la clase. Lo que empezó como un documento impreso que los estudiantes llevaban a casa en sus mochilas ha evolucionado en forma de correos electrónicos, publicaciones en blogs o sitios web de clase, complementados con galerías de fotos y videos de la actividad y el progreso de los alumnos.

Redes sociales

Los maestros y distritos escolares han optado recientemente por la utilización de redes sociales para promover la creatividad y el aprendizaje de sus escuelas. Los *hashtags* en Twitter e Instagram pueden ser utilizados por los profesores para demostrar el trabajo de los estudiantes, promover el espíritu de la escuela y crear una atmósfera comunitaria positiva. Para constatar el uso de los *hashtags* por parte de las escuelas, busque el *hashtag #leydenpride* (Escuela Secundaria de Leyden, Illinois) y #sasedu (Singapore American School). Los maestros, estudiantes y padres de familia también publican diversos elementos destacados en Instagram y Twitter. Antes de usar las redes sociales, revise con la administración de su escuela las reglas existentes sobre la publicación de fotos de estudiantes individuales u otras reglas de privacidad que pudieran impactar el uso de dichas herramientas.

Puertas abiertas

Muchas escuelas crean oportunidades para que los padres de familia visiten las clases de sus hijos y conozcan a sus profesores. El encontrarse cara a cara genera cierta familiaridad y ayuda a disminuir futuros malos entendidos entre los maestros y los padres de familia. Si los dispositivos digitales y las oportunidades de aprendizaje basadas en tecnología son elementos nuevos para su comunidad, una sesión de puertas abiertas es una excelente oportunidad para promover las actividades creativas e interesantes que usted les dará a sus alumnos. Si su escuela aún no ofrece sesiones de puertas abiertas, considere empezar una para sus estudiantes.

ESTRATEGIAS DE COMUNICACIÓN

¿POR QUÉ USAMOS DISPOSITIVOS DIGITALES?

A medida que las clases 1:1 se vuelven más populares y que el uso de dispositivos digitales se vuelve la norma en los salones de clase, los educadores están entablando conversaciones acerca de los beneficios de dichas configuraciones de clase. Sin embargo, los padres de familia de sus estudiantes podrían no estar bien informados acerca de dichos beneficios. Ya sea que toda su escuela sea 1:1 o que usted sea el único maestro que cuenta con un programa piloto de dicho ambiente de trabajo, el implicar a los padres de familia en conversaciones sobre el valor de los sistemas 1:1 es muy importante. Varias organizaciones han llevado a cabo esfuerzos significativos para resumir los tipos de habilidades del siglo XXI (creatividad, comunicación, colaboración, etc.) que mejor se desarrollan valiéndose de herramientas modernas. Si necesita reforzar su propio entendimiento, revise los documentos provistos por las siguientes organizaciones:

- Partnership for 21st Century Learning (Asociación para el Aprendizaje en el Siglo XXI [p21.org])

- International Society for Technology in Education (Sociedad Internacional para la Tecnología en la Educación [iste.org])
- Anytime Anywhere Learning Foundation (Fundación Educativa Todo el Tiempo, en Cualquier Lugar [aalf.org])

Comparta las expectativas de clase

Tras haber configurado los procedimientos y expectativas para el uso de tecnología en su clase, comparta dicha información con los padres de familia. Al hacerlo, les permitirá conocer el tipo de clase en la que sus hijos se encuentran. También los empoderará para poder reforzar e implementar expectativas similares en casa.

Comparta información sobre las evaluaciones

Si su escuela no utiliza un sistema de calificaciones en línea, considere publicar su propia lista de calificaciones de clase en línea. El tener una lista de calificaciones actualizada en línea les permite a los padres de familia saber dónde se encuentran sus hijos dentro de su proceso de aprendizaje en cualquier momento. Si decide hacerlo, podría también elegir comunicarles tanto a los padres como a los alumnos algunas expectativas al respecto. Ambas partes a menudo esperan una respuesta inmediata a correos electrónicos, por lo que tendrá que comunicarles su tiempo de respuesta normal para evitar frustraciones. Así mismo, aliente a los padres a hablar primero con sus hijos si encuentran algún problema en la lista de calificaciones.

> Al hacerlo, les permitirá conocer el tipo de clase en la que sus hijos se encuentran. También los empoderará para poder reforzar e implementar expectativas similares en casa.

Comparta las actividades de clase

Si los padres de familia no están familiarizados con un programa con dispositivos 1:1, pueden tener inquietudes sobre la forma en que los dispositivos están siendo empleados en clase o ideas equivocadas sobre la forma en que se emplean los dispositivos con sus hijos. Podrían, por ejemplo, ver los dispositivos como "niñeras", usadas para mantener a los alumnos ocupados. Los padres de familia también podrían pensar que debido a que los dispositivos se encuentran en el salón de clases, los alumnos los utilizan el cien por ciento del tiempo. Claramente, en la clase de un maestro eficiente, ninguno de estos dos supuestos es cierto.

Debido a que los padres de familia pueden o no conocer los beneficios de la utilización de dispositivos en clase enfocados en el aprendizaje, es importante tener una comunicación abierta acerca de la cantidad de tiempo que los estudiantes pasan con sus dispositivos y sobre los tipos de actividades en las que los emplean. Usted será responsable de explicarles a los padres de familia que sus hijos no pasan todo su día en la escuela frente al dispositivo.

Para combatir la idea errónea de que los dispositivos son niñeras, sea claro con los padres de familia acerca de los tipos de actividades que los estudiantes llevarán a cabo con sus dispositivos. Concéntrese en la creación de contenidos y no solo en su consumo. Demuestre la forma en que los estudiantes interactúan entre sí al utilizar sus dispositivos. Conforme transcurra el año escolar, comparta el producto del trabajo de los alumnos con sus padres. Estos últimos apreciarán en poco tiempo el potencial de los dispositivos como poderosas herramientas creativas.

Comunicados a los padres de familia

Dependiendo de la edad de sus estudiantes y de la política de su escuela, sus alumnos podrían llevar consigo sus dispositivos a casa.

Si este es su caso y si el programa 1:1 de su escuela no contempla un sistema de comunicación formal con los padres de familia, podría considerar alguna forma de comunicado para su clase.

Un comunicado para los padres de familia le permite ser muy claro con ellos y con los alumnos sobre quién está a cargo del dispositivo en casa. Este proceso empodera a los padres de familia para entablar conversaciones sobre el uso de dispositivos en casa y para implementar expectativas.

Como se menciona en la sección de programa de entrenamiento intensivo, un comunicado para los padres de familia puede incluir elementos introductorios que faciliten las conversaciones entre padres e hijos sobre el uso de dispositivos en casa. (Consulte *Common Sense Education Family Media*[1] [Acuerdo de Medios Familiares para la Educación con Sentido Común] para obtener algunas ideas). Puede probar los siguientes elementos:

- ¿Dónde puede utilizarse el dispositivo?
- ¿En qué momentos está prohibido su uso?
- ¿Dónde se debe cargar?

Estos lineamientos y reglas deberán ser discutidos y acordados por los padres de familia y los estudiantes. Además, un proceso de comunicados dirigidos a los padres les dejará claro a los alumnos que son sus padres quienes están a cargo de los dispositivos en casa. A pesar de poderle parecer obvio, en muchos casos, ambas partes necesitan que se les recuerde. Incluso puede pedirles a los padres y sus hijos firmar un acuerdo en el que se estipule quién está a cargo de los dispositivos, tanto en la escuela como en casa.

Las actividades empleadas para enviar comunicados a los padres de familia pueden tomar diferentes formas dependiendo de su contexto particular. De ser posible, puede pedirles a los padres venir a la

---

[1] https://www.commonsensemedia.org/sites/default/files/uploads/pdfs/phase3_fma_all_grades.pdf

escuela con su hijo. Puede entablar una conversación acerca del uso del dispositivo en casa y hacer una "ceremonia" formal en la que les entregue el dispositivo a los padres, implicando que ellos están a cargo. Esto podría formar parte de una actividad formal de su escuela, como una jornada de puertas abiertas.

Si no resulta realista invitar a los padres de familia a una junta en la escuela, esta actividad puede realizarse en casa por medio de un comunicado de parte del maestro. Los estudiantes y sus padres podrán discutir acerca de las expectativas de uso del dispositivo en casa. Puede monitorearlo pidiéndoles a los padres de familia que llenen un formulario en el que verifiquen lo acordado o pedirles a los alumnos que se tomen una fotografía con sus padres mostrando el formulario firmado.

Palabras de despedida

NO TENGA MIEDO. Cuando piensa en personas que son "buenas con la tecnología", puede asumir que saben más que usted o que tienen una habilidad innata para usar la tecnología. En base a nuestra experiencia en el apoyo de alumnos y maestros para el uso de tecnología para el aprendizaje, hemos concluido que esta última suposición es falsa. Algunos alumnos y maestros de todas las edades aprenden a utilizar nuevas herramientas tecnológicas de manera fácil y manejan los problemas relacionados con la misma con calma, sin embargo, eso no indica que sean inherentemente mejores en el uso de la tecnología que los demás. Simplemente tienen una actitud diferente al respecto. No le tienen miedo a apretar botones y tratar cosas nuevas. Tienen una mente abierta al tratarse de explorar una nueva herramienta. Son exploradores de un nuevo mundo y no requieren de un manual o de un taller especial para sumergirse e intentar cosas nuevas. El elemento esencial —y la mejor estrategia— es tener la actitud correcta para navegar, progresar y aprender en un salón de clases conectado.

Siga aprendiendo

Conforme va creando un salón de clases equipado con dispositivos efectivo y eficiente, recuerde continuar aprendiendo sobre la utilización de tecnologías en clase. Así como evolucionamos como profesores al reflexionar sobre nuestro trabajo y colaborar con otros, nos convertimos en mejores usuarios de la tecnología dirigida al aprendizaje al hacer esto mismo. Busque ayuda cuando la necesite. Únase a un organismo profesional. Acuda a eventos profesionales de educación enfocados a la tecnología. Conecte con personas en línea. Encuentre mentores en su escuela con quienes pueda compartir ideas, triunfos y fracasos. ¡Cree su propia red de apoyo y siga aprendiendo!

Recursos

Estándares de ISTE

Los Estándares de la Asociación Internacional para la Tecnología en la Educación (ISTE por sus siglas en inglés [iste.org]), con reconocimiento internacional, brindan "lineamientos claros para las habilidades, el conocimiento y los enfoques necesarios [para los estudiantes] para el éxito en la era digital". Lea los estándares para darse una idea de cómo se ve y se siente un salón de clases 1:1 moderno. Dichos estándares están disponibles para educadores, estudiantes, administradores, instructores y profesores de ciencias de la computación. A continuación enlistamos los estándares para estudiantes y maestros porque creemos que pueden ser la base de un programa con dispositivos 1:1 exitoso.

Estándares ISTE para Estudiantes

1. Aprendiz Empoderado
2. Ciudadano Digital
3. Constructor del Conocimiento
4. Diseñador Innovador
5. Pensador Computacional
6. Comunicador Creativo
7. Colaborador Global

Estándares ISTE para Educadores

1. Aprendiz
2. Líder
3. Ciudadano
4. Colaborador
5. Diseñador
6. Facilitador
7. Analista

Sentido Común

Common Sense Education (Educación con Sentido Común [commonsensemedia.org]) ofrece recursos gratuitos y de alta calidad para maestros y padres de familia con el objetivo de ayudarles a los alumnos a utilizar la tecnología de forma responsable tanto en la escuela como en casa. Los siguientes recursos están relacionados con la información provista en este libro:

Acuerdo de medios familiares para la Educación con Sentido Común

Puede hacer uso y modificar este acuerdo de medios para ayudarle a guiar a los padres de familia en las conversaciones con sus hijos acerca de las expectativas del uso de la tecnología en casa.

Currículum de ciudadanía digital para la Educación con Sentido Común

Este enfoque y secuencia de ciudadanía digital ofrece un currículum completo que puede utilizar con sus estudiantes para ayudarles a entender lo que significa ser un buen ciudadano digital.

Participación de los estudiantes

La herramienta más importante para el manejo del salón de clase es una lección interesante. Aquí hay una idea para motivar a sus alumnos a pensar, crear y resolver problemas.

¡Resuela a tiempo!

https://solveintime.com/

Solve in Time es una actividad de aprendizaje basada en problemas gamificada creada por Dee Lanier que utiliza el proceso de pensamiento de diseño para resolver problemas del mundo real. Visite el sitio web para descargar e imprimir gratis tarjetas para jugar. Elija un problema, configure un reloj y responda a cada pregunta de forma creativa. #SolveiT!

Origami educativo

http://edorigami.wikispaces.com/

Origami Educativo es un Wikispace (servicio de alojamiento web) dedicado la enseñanza y al aprendizaje en el siglo XXI emprendido por Andrew Churches. Andrew ha hecho esfuerzos significativos en el desarrollo de Acuerdos de Usos Aceptables (AUA) en las escuelas. Si su escuela está planeando crear un nuevo AUA o hacer que el AUA actual se adapte mejor a los alumnos, eche un vistazo a http://edorigami.wikispaces.com/Digital+Citizen+AUA

Habilidades de investigación

Big6

http://big6.com/pages/about/big6-skills-overview.php

Big6 es uno de muchos modelos para enseñarles a los estudiantes sobre las habilidades de investigación necesarias para la era de la información. Big6 puede ayudarle a sus alumnos a separar una enorme hazaña de investigación en porciones más fáciles de manejar. Visite la página web de Big6 para mayor información sobre sus seis etapas.

Educación para búsquedas de Google

https://www.google.com/intl/en-us/insidesearch/searcheducation/

Google también ofrece múltiples recursos que puede utilizar para ayudar a que sus estudiantes desarrollen mejores habilidades de búsqueda con Google. Visite la página web que incluye planes de lección y actividades listas para usar.

Libros

Brain Rules, por John Medina

Flow, por Mihaly Csikszentmihalyi

Agradecimientos

Hemos tenido la oportunidad de trabajar al lado de múltiples educadores profesionales que han adaptado continuamente su práctica en el salón de clases al panorama educativo cambiante. La creación de este libro no hubiera sido posible sin las enriquecedoras experiencias y los increíbles colegas que hemos tenido en la Singapore American School, la Escuela Internacional de Praga, la American School Foundation en Monterrey, el Distrito Escolar de Blaine #503 y la Escuela Secundaria de Hinsdale South.

Agradecemos también a los educadores que forman parte de nuestras amplias redes de aprendizaje personal, de quienes hemos tenido la oportunidad de aprender, tanto en persona como en línea. Su sabiduría y su dedicación al aprendizaje nos han impulsado para ser mejores maestros.

También quisiéramos agradecer a todos aquellos estudiantes de nuestros primeros años como maestros quienes nos brindaron mucha práctica puliendo nuestras habilidades de manejo del salón de clases. Estarían tan orgullosos de lo lejos que hemos llegado.

Más títulos por los autores

Classroom Management for the Digital Age (Inglés)

Effective Practices for Technology-Rich Learning Spaces

Por Heather Dowd y Patrick Green

50 Ways to Use YouTube in the Classroom (Inglés)

Por Patrick Green

¿QUIERE MÁS CONSEJOS PARA EL MANEJO DEL SALÓN DE CLASES?

Formas de mantenerse conectado:

1. **ORGANICE UN TALLER EN SU ESCUELA**
   - **Manejo del salón de clases en la era digital.** Diseñe un plan de clases para abarcar todos los elementos necesarios, desde los procedimientos y rutinas hasta un programa de entrenamiento intensivo y Ciudadanía Digital. (Talleres de un día completo o de medio día)
   - **Taller Privado.** Heather Dowd y Patrick Green pueden impartir un taller personalizado que se adapte a las necesidades específicas de su escuela.

2. **ORGANICE UN GRUPO DE LECTURA DE LIBRO**
   - Descargue nuestra guía de estudio en CMDigitalAge.com.
   - Contácte a la editorial para pedir libros por mayoreo: info@grafohousepublishing.com

3. **ÚNESE A LA CONVERACIÓN EN TWITTER**
   - Usé el hashtag #CMDigitalAge
   - Etiqueta a los autores: @heza y @pgreensoup

4. **INSCRÍBASE A NUESTRA LISTA DE ENVÍO**
   - Visita CMDigitalAge.com para inscribirse a nuestra lista de envío y así enterarse de nuevos recursos.

Aprenda más en CMDigitalAge.com

Para solicitar un taller o para mayores informes, contactar:

Español
info@grafohousepublishing.com

Inglés
heather@cmdigitalage.com o **patrick@cmdigitalage.com**

facebook.com/groups/CMDigitalAge | **#CMDigitalAge** | **@CMDigitalAge**

Sobre los autores

HEATHER DOWD (@heza) es la Directora del Proyecto de Aprendizaje Dinámico (Dynamic Learning Project), donde ayuda a los entrenadores educacionales a inspirar a sus maestros a usar la tecnología de manera significativa para el aprendizaje de los estudiantes. Enseñar inglés en Japón la inspiró a convertirse en maestra, y la aventura no se ha detenido. Heather es una Innovadora y Formadora Certificada de Google for Education; Educadora Distinguida de Apple; y Entrentadora en Educación de Adobe. Ella fue maestra de física, diseñadora de instrucción y entrenadora de tecnología educativa, y le encanta hablar de ciencia, ciudadanía digital, entrenamiento, hojas de cálculo, diseño y aprendizaje. Ella cree que los estudiantes deberían tener acceso a la tecnología actual para conectarse con el mundo y ser creativos de formas que no exisitían cuando ella era estudiante.

PATRICK GREEN (@pgreensoup) es educador, autor y consultor. Sueña con un mundo en el que las personas ya no usen la palabra "tecnología" y en su lugar hablen e integren fácilmente "herramientas relevantes" en su práctica de aprendizaje para que los alumnos puedan aprender a ritmos personalizados siguiendo caminos personalizados. Patrick disfruta las diversas conexiones que ofrece su carrera. Trabaja con entusiasmo con estudiantes, padres, maestros y miembros integrales de la comunidad para ayudarlos a crear, colaborar, comunicarse y pensar críticamente y de manera significativa.

Habiendo enseñado en el noroeste del Pacífico, la República Checa y Singapur, Patrick ha sido un líder educativo durante más de veinte años. Él continúa encontrando su inspiración ante todo como aprendiz. Es Educador Distinguido de Apple, Entrenador del Principal's Training Center (Centro de Entrenamiento para Educadores), Innovador Certificado de Google, Entrenador de Google Education, Educador Certificado de Common Sense Digital Citizenship y Profesor Estrella de YouTube.

www.ingramcontent.com/pod-product-compliance
Lightning Source LLC
Chambersburg PA
CBHW050329120526
44592CB00014B/2109